一本书明白

土元
高效养殖技术

YIBENSHU

MINGBAI

TUYUAN

GAOXIAOYANGZHI

JISHU

"十三五"国家重点
图书出版规划

新型职业农民书架·
养活天下系列

李德全　主编

山东科学技术出版社　山西科学技术出版社　中原农民出版社
江西科学技术出版社　安徽科学技术出版社　河北科学技术出版社
陕西科学技术出版社　湖北科学技术出版社　湖南科学技术出版社

中原农民出版社　　　　　　　　　　　联合出版

图书在版编目（CIP）数据

一本书明白土元高效养殖技术 / 李德全主编 . —郑州：中原农民出版社，2018.10
（新型职业农民书架）
ISBN 978-7-5542-1906-5

Ⅰ . ①—… Ⅱ . ①李… Ⅲ . ①地鳖虫—饲养管理
Ⅳ . ① S899.9

中国版本图书馆 CIP 数据核字（2018）第 223462 号

一本书明白土元高效养殖技术

主　编　李德全
副主编　刁文涛
参　编　甄　静　杜志敏

出版发行	中原农民出版社	
	（郑州市经五路66号　邮编：450002）	
电　话	0371-65788655	
印　刷	河南安泰彩印有限公司	
开　本	787mm×1092mm　1/16	
印　张	9	
字　数	111千字	
版　次	2019年1月第1版	
印　次	2019年1月第1次印刷	
书　号	ISBN 978-7-5542-1906-5	
定　价	48.00元	

目录
Contents

专题一
土元养殖基础知识

专题提示

　　人工养殖土元是一项成本低、收益高、管理方便、设备简单的养殖项目，集体、家庭和个人都可以饲养，很有发展前途。而且土元具有适应力强、繁殖力强、生长快等优点，深得特种养殖户的青睐。

一、认识土元

　　土元动物学名为土鳖虫，由于它的形体似鳖而得名。俗称很多，如：地鳖虫、地乌龟、土王八、土爬爬、蚵蚾虫、壳泡虫、簸箕虫，古籍中称䗪虫。

（一）土元主要养殖品种

　　土元属鳖蠊科，鳖蠊科中多数种类背面隆起，只有胸部有绒毛的地鳖可以用作中药，药材市场上出售的土元有：中华真地鳖、冀地鳖、云南真地鳖、西藏真地鳖、金边地鳖等。

　　1. 中华真地鳖（图1）

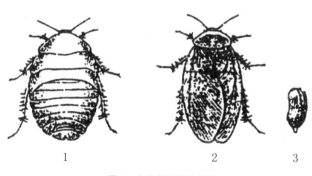

图1　中华真地鳖形态图

1. 雌成虫　2. 雄成虫　3. 卵鞘

河北、北京、山东、山西、河南、甘肃、内蒙古、辽宁、新疆、江苏、上海、安徽、湖北、湖南、四川、贵州、青海等地有分布，据记载，在宁夏回族自治区贺兰山麓一带的石下松土中也能采到。药用名称为苏土元，是药材市场上销售的主要药用种类之一，也是人工饲养的主要种类。本书以后阐述的人工饲养管理方法是以中华真地鳖为对象的。

■ 形态特征

雌性成虫形态：中华真地鳖雌成虫身体扁平，椭圆形，背部稍隆起似锅盖（图1）。体长3.0～3.5厘米，体宽2.5～3.0厘米。背面紫褐色至黑褐色，稍带灰蓝色光泽，不同生活环境中的个体色泽有差异。经干燥后的土元体颜色稍深，无光泽，腹面呈棕褐色。头小隐于前胸板下，觅食时头才伸出，并可见颈；口器为咀嚼式；触角丝状，黑褐色，前后粗细相等；复眼大，呈肾形，凹陷的一侧围绕触角基部，两个单眼位于两复眼中间的上方。前胸背板前窄后宽接近三角形，中间有微小刻点组成的花纹，中胸和后胸较狭窄，两侧及外后角向下方延伸；腹部9节，第一腹板被后胸背板所掩盖，因而只能见到较短部分。2～7节宽窄近似，8～9节向内收缩。肛上板较扁，后缘直，中间部位有一小切口，腹部末端有较小的尾须一对。胸部有3对足为步行足，较发达，善于爬行，基节粗壮，隐藏于胸部的腹面的基节窝里，腿节长，呈筒状，胫节多刺。前、中、后足的跗节都是5节，末端有爪1对。3对足大小不相等，前足最短，长约10毫米；中足长约17毫米；后足最长，有20毫米。

雄性成虫形态：身体颜色比雌性浅，呈浅褐色，身上无灰蓝色光泽，但体表较雌性成虫色泽鲜艳，披有纤毛。体长30～35毫米，宽15～20毫米。头略小于雌虫，触角明显粗壮。前胸背板色较深，宽大于长，前缘略呈弓形，3对胸足略细于雌虫，胫节上的刺也较长。翅两对，较发达，将中胸以下的各部位覆盖于翅下。前翅革质，脉纹清楚可见。后翅膜质半透明，翅脉黄褐色，平时似扇折叠于前翅下。腹部末端上方有尾须1对，其下方有两个较短的腹刺。

卵鞘：多个卵包在一个肾形革质鞘状袋中，称为卵鞘。卵鞘长10毫米，宽5毫米左右。初产时卵鞘呈紫红色，略透明，随着时间延长逐渐变深，48小时以后呈棕褐色。卵鞘表面有若干条稍弯曲的纵沟，即鞘内卵与卵之间的隔膜处。卵鞘较内陷的一侧较厚，另一侧较薄，有锯齿形钝刺，为胚胎发育成熟后，若虫钻出卵鞘时的通道。每个卵鞘内有成双行互相交错排列着的卵6～26个。

若虫：土元的幼虫称若虫，自卵鞘中钻出到成虫这一阶段的幼虫统称若虫。刚从卵鞘中钻出的若虫，体外有层透明卵膜包裹着，为乳白色，形状似臭虫。自挣脱体表那层卵膜后即可以爬行，爬行较快且活泼，24小时后体色变为黄褐色。随着龄期的增加，体色也逐渐加深，到老龄时出现紫褐色光泽。

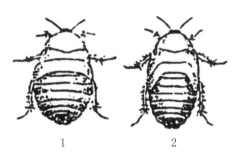

图2　雌、雄若虫的区别（胸背）

1. 雌若虫　2. 雄若虫

雄若虫在未长翅以前与雌若虫相似，但仔细观察可以看出有几点区别：①胸部的背面第二、三节组成弧角的大小雌若虫约70°，雄虫仅40°左右(图2、图3)。②腹下横线，雌虫为4条横线，雄虫则有6条横线(图4)。③腹部尾端触须处横纹相连的是雄虫，横纹离触须有距离的为雌虫。④爬行时雌虫6足伏地，雄虫6足竖起。

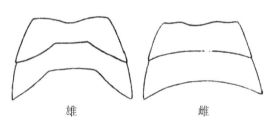

雄　　　　　　　雌

图3　中华真地鳖虫若虫期雄、雌中、后胸背板构造比较

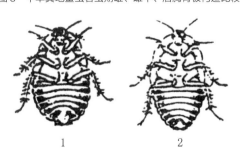

图4　雌、雄若虫的区别（腹面）

1. 雌若虫　2. 雄若虫

在生产过程区别老龄若虫雌雄很重要，选出雌、雄若虫后，留种的若虫可以搭配好雌、雄；不留种的在雄虫未长出翅以前进行初加工，做中药材，不影响药用价值。

2. 冀地鳖

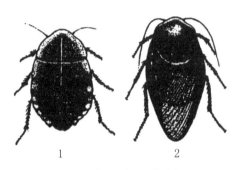

图 5　冀地鳖的雄、雌成虫

1. 雌成虫　2. 雄成虫

■ 主要分布

华北和中原地区，如河北、河南、山东、山西、吉林、辽宁、内蒙古、陕西、宁夏等地有分布，以黄河流域的北侧较为普遍。又名锅盖虫，中药名为大土元，是我国药材市场上销售的主要药用种类之一。

■ 形态特征

雌成虫形态：体长 38～40 毫米，体宽 18～25 毫米，为几种药用土元较大的个体。身体椭圆形，背部隆起呈盾牌状，全身棕褐色至黑褐色，密布小粒状突起，无明显的光泽。头小隐于前胸背板下，平时很少外露，只有取食时才伸出，并可以见到颈部。口器咀嚼式，向下方伸出。复眼扁圆稍有突起。触角丝状，细而短，只有体长的 1/2。前胸宽大，背板略呈三角形，宽大于高，覆盖在头及前胸上方；中后胸扁宽，中间向内凹陷，胸部各节间有较细的浅色背线。腹部暗黄至橘黄色，腹部第一节被后胸背板所掩盖，第二至第七节宽窄接近，向后逐渐变短，致使腹部从背面看像个半球形。腹部第七节背板后缘内陷较深，形成一明显的缺刻，第八、九节很短，隐于第七节背板下方。在第七腹节背板后缘凹陷处，可见到的一个小突起是肛门上板，中间缺口较明显。自前胸背板前缘经侧缘至后胸背板两侧，以及腹部各节背板边缘均有橘红色至暗黄色隐形散斑。在腹部各节背板边缘的浅色隐斑内，有一个不太明显的圆形小点，称气门，小点的外围有一个深色圈，为气门围片。前足及中足的粗细、长短大致相等，后足胫节较发达，中、后足的胫节上有明显的锯齿形刺，各足的跗节第一节较长，约相当于后四节的总长（图5）。

雄成虫形态：体长30～35毫米，身体棕黑色至黑褐色，披有微细的纤毛，头小，隐前胸背板下。复眼肾形，较雌成虫略大一些。触角后半部粗大，端部纤细，长度约为体长的1/2。前胸背板呈半个斗笠形，近前缘有浅黄色色边；中胸至腹部末端为翅所遮盖；翅发达，前肢前缘革质部分较宽，翅脉较稀疏；3对胸足明显较雌性成虫细，胫节的胫距较粗壮。其他特征与雌性成虫相同。

卵鞘：呈棕褐色，长12～15毫米，宽2～6毫米。卵鞘外形与中华真地鳖相似。每个卵鞘一般含卵13～18个。

若虫：初孵出时体色呈乳白色，随着生长发育变为形似雌成虫，仅虫体略小。若虫期雌、雄鉴别与中华真地鳖相同。

3. 云南真地鳖

■ 主要分布

宁夏的贺兰山山区、甘肃、青海、四川、贵州、云南以及西藏的日喀则、昌都、林芝等地有分布。

■ 形态特征

雌、雄异形，雄性有翅，雌性无翅。

雌成虫形态：椭圆形，无翅，体长25～28毫米，体宽20～23毫米。身体扁平呈红褐色，背部略有隆起。头部颜色略浅于体色。复眼近肾形，两单眼间有微毛组成的纵列，唇基片呈弧形。前胸背板扁圆，宽大于高，中、后胸背板呈长条状，高只有宽的1/4，腹部各节赤褐色，两侧各节有较光滑的黑色圆斑。肛上板宽大于高，末端中央有小缺刻，两侧角呈圆弧形（图6）。各胸足跗节细长，中足跗节明显长于胫节，前足胫节有硬刺9枚。

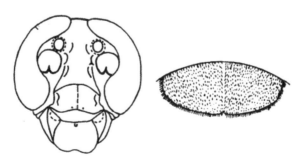

图6　云南真地鳖的头部及肛上板构造

雄成虫形态：体长31～35毫米，体宽18～24毫米。体扁平，棕褐色，披有褐色纤毛。头小色黑隐于前胸背板以下，触角鞭状，前后粗细相等，其长度相当于体长的2倍。雄虫的触角比雌虫的长而粗。复眼为咖啡红色，稍扁，两眼呈长肾状，在接近头顶部位时，两眼上角之间距离较靠近。两个单眼呈红褐色，大且明亮，中间稍有隆起，两单眼距离相对比复眼宽，中间有一条脊形突起相连接，上有黄色茸毛。前胸背板椭圆形，宽大于高，近前缘有黄色嵌边，黄边后呈赭红色，上有微红色或黄色微毛，背中央光滑，两侧稍下方有马蹄形小坑及皱褶。前翅较狭窄，其长度超过腹部末端，近前缘较硬，且革质化，向后达后缘呈半透明膜质，上有大小不等褐色散斑；后翅极薄呈乳白色透明状态，可见清楚的黄褐色翅脉，揭开后翅可见下面的背板呈黄褐色，在背板两侧每节上有圆形褐色气门2个。腹部驼毛褐色，3对胸足黄褐色，前足胫节有粗刺9枚，其中中刺2枚，端刺7枚，上、下方的中刺都离端刺较远。

4. 西藏真地鳖

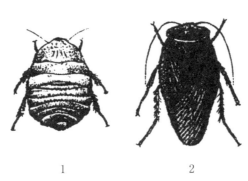

图7　西藏真地鳖雄、雌成虫

1. 雌成虫　2. 雄成虫

■ 主要分布

西藏自治区的白朗县。

■ 形态特征

雌、雄异体，雌虫无翅，雄成虫有翅。

雌成虫形态：无翅，体长29～30毫米，体宽18～20毫米。身体椭圆形，体色腹部背面橙黄色，腹面黄褐色，各体节间色稍深。前胸背板高7毫米左右，宽大于高近1倍，中胸及后胸背板均宽大于高3倍左右，腹部第一、第二节背部外缘为胸背后板所覆盖，其余各节均为宽窄不等的长条形，各节近外缘内侧有深色圆形气门斑。肛门上板表面有稀疏微毛，其后缘中部向后突出，中间切口较深，切口上方有较长的纵脊，向上伸延至前缘时消失（图7）。

雄成虫形态：体长30～38毫米，体宽17～19毫米，不同个体大小差异较大。头部常隐于前胸背板下，触角丝状，约为体长的1.5倍，触角明显粗于雌虫，复眼呈长肾形，中间距离较远，眼的周围有茸毛。前胸背板前缘突起，后缘呈圆弧形，宽为高的2倍以上，从身体背面看很像一个斗笠形，上面有密集的黄褐色微毛。前翅长条形，前缘呈弓形向外突出，中间略宽于两端，在脉纹间有稀疏的条形深色散斑，各脉上有黄褐色微细密毛。前足胫节有端刺7枚、中刺2枚，后足胫节有端刺6枚。体色似雌性成虫。腹部末端生殖板后缘坡度大，中间的缺缝长而明显，上有稀疏较长的棕红色毛（图7）。

5. 金边地鳖

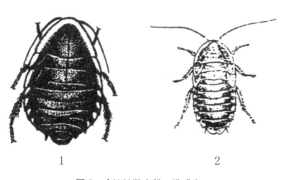

图8　金边地鳖虫雌、雄成虫

1.雌成虫　2.雄成虫

■ 主要分布

我国浙江、福建、台湾、广东、海南、澳门、香港等地有分布。金边地鳖又名东方后片蠊、赤边水蠊、赤边水腐、东方片蠊，药用名为金边土元。

■ 形态特征

成虫的形态特征：金边地鳖雌、雄成虫形态相似，其翅均已退化如鳞片，均为无翅型。雄性成虫体长22～25毫米，体宽14～16毫米；雌性成虫体长35～40毫米，体宽16～20毫米。雌、雄成虫体态均为椭圆形、扁平，体色紫褐至棕黑色，雄虫体色稍浅。体表有微小刻点，有光泽，雄性成虫体色光泽较强。头小，经常隐于前胸背板下。复眼不发达，两眼间距离较宽。触角丝状，雄虫比雌虫粗犷，节间也分明。前胸宽大，约占3个胸节总长的1/2，背板呈前弧后直的半月形，或近似三角形。前缘及侧缘有自前到后的逐渐变窄的橘黄色镶边，故有金边地鳖之称。镶边部位光滑，致使边缘内侧呈披有微型颗粒状的深色三角区；背线色较深，接近后缘的背线两侧，有两个向内弯曲的眉形纹。中、后胸背板宽窄相等，两侧可见有明显的、形状似鳞片的但已经退化了的翅芽。背线棕黑色，两侧有波浪状斜纹。前、中、后足的腿节端部及胫节均锯齿形刺，且腿节端刺粗大，胫节的刺密而粗大。腹部第一背板被后胸背板遮盖住绝大部分，外露部分呈弓形，第二至第七节的宽度近相等，各节间膜色淡，各背板后缘向后下方突出呈锯齿形，第八至第九节内缩不见，但生于第八节末端两侧的 1 对短而分节的尾须外露。肛板后缘内陷，中间无明显切口。各背板外缘内侧有浅色圆形气门孔，围片近似黑色。雌、雄成虫除从身体的大小区别外，雌成虫腹部肥厚，雄成虫的腹部扁平显薄，尾部尖小，除有 1 对尾须外，还有 1 对刺突（图8）。

卵鞘：卵鞘似袋状，长 20 毫米，初产时乳白色，逐渐变为暗黄，继而变为黄褐色至棕褐色。卵鞘稍弯曲，成豆荚形，向外突出的一侧有搓板状陷窝 2 排，是孵化孔部位；中间有一条波浪状的曲线，是鞘内两排卵粒的分界线，卵鞘表面有袋内卵粒模印显现出来的沟形横纹。卵期 20 天左右，孵化时在卵壳外膜的保护下，先用头的顶部冲破孵化孔处的薄膜，再依靠身体的不断蠕动，当伸出卵鞘袋的一半时，稍事休息，即将卵外薄膜撕破，脱离卵鞘，待卵鞘内的卵全部孵化完后，在卵鞘的孵化孔处可见有遗留下的空卵壳及卵粒外保护膜残迹。

金边地鳖虫为卵胎生，与中华真地鳖卵生完全不同。雌、雄成虫交尾后约 40 天，雌虫从腹端排出半截卵鞘，俗称"拖炮"，1 天后又将卵鞘慢慢缩入腹内。大约再过 20 天，卵鞘再次从腹端渐渐突出，卵鞘中的若虫从卵内爬出，离开母体。初产的若虫乳白色，以后逐渐变为暗黄色。

若虫：幼龄若虫体态与成虫相似，但体色稍浅，背部稍隆起，1～2 龄前，中、后胸背板外缘无鳞片状翅芽，3 龄后翅芽才陆续出现，6 龄才与成虫完全相同，当达到老龄若虫时，前胸背板前缘皮两侧的金黄色镶边才明显可见。此时体型大小、颜色深浅很难与成虫区别。

（二）土元的形态和结构

1. 土元的外部形态

土元的外部形态呈椭圆形，分头、胸、腹三部分。身体的外表被一层坚硬的壳状物包裹，称为外骨骼。外骨骼可以保护和支撑体内柔软的组织和器官不受损伤，同时还可以防止体内水分散发，使土元能更好地适应陆地生活。外骨骼形成后不能伸长，所以土元不能随着生长而逐渐增大，土元生长发育过程中有蜕皮现象，每蜕皮一次就生长一次，雄虫一生蜕7～9次皮，雌虫一生蜕9～11次皮才能发育为成虫。土元身体结构示意图如图9。

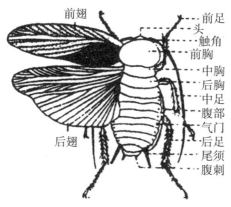

图9　土元身体结构示意图

成年雌虫和雄虫的外形不同。雌成虫体长2～3厘米，宽1.5～2.0厘米，形如龟鳖，黑色而具有光泽，腹部和足呈棕色。雄性成虫体长2.0厘米，宽1.2厘米，前胸前缘呈波状，具翅两对，前翅革质，后翅膜质，呈淡灰色，并有较深的灰斑。雄成虫借助它做短途飞行，平时折叠如扇，藏于前翅下，善走能飞，但不常用翅。雄虫腹部灰白色，头上生有两根触角，外形似蟋蟀，但体形较小，体色也不同。成虫雌、雄形态如图10。

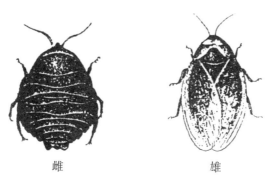

雌　　　　　　　　雄

图10　成虫形态

土元的身体结构可以分为头、胸、腹3个部分。

头部，土元的头很小，隐前胸的下面，觅食时伸出，是感觉和取食的中心部位。头顶部有一对丝状触角，长而分节，基部位于复眼的前端。它是触觉和嗅觉的器官，具有嗅、味、触、听的功能。

眼分复眼和单眼，复眼一对在头顶两侧，单眼在复眼之间。复眼是由很多单眼组织而成的，不仅能感光，而且能辨认物体的形状和大小，有视途和视物作用。单眼结构简单，主要是起感觉作用，可以对光线定位，感觉光线的强弱。

在头部的前方，长着咀嚼式口器，可以取食固体食物。由一片上唇、一对上颚、一片舌和一对下唇（沿中央愈合在一起）、一对下颚组成。起主要作用的是上颚，上颚不分节，坚而有齿，能咀嚼和撕咬食物（图 11）。

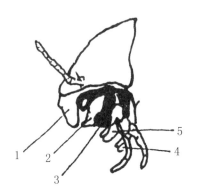

图 11 土元的口器

1.上唇 2.上颚 3.舌 4.下唇 5.下颚

胸部：胸部由前胸、中胸、后胸三体节构成，是土元的运动中心。背面由三块鳞状板组成（图 12），前胸背板前窄后宽，近似三角形，甚大，遮住头部。中胸和后胸较狭窄，两侧及外后角向下方延伸，各节腹面均有一对足，为步行足，从基部到末端分为基节、转节、腿节、胫节、跗节，跗节又由 5 节组成，末端有爪 2 个，生有若干毛刺，适于攀爬行走。

图 12 胸腹结构图

1.雌成虫胸正面结构 2.雄成虫腹正面结构

腹部：腹部分节明显，背面共分 9 节，背板质地坚硬（图 12），是土元消化吸收和繁殖中心部位。腹面质较软，体节之间由节间膜相连，它和两侧的膜质部分一样，有较大的伸缩性，呈一窄缝状，第八、第九腹节背板亦缩短，藏于第七腹节的背板凹口内，第九节生有尾须 1 对。肛上板扁平横向，其后缘平直，与侧缘形成显著角度。后缘中央有凹陷，似 1 对门齿，露出尾端。腹部的末端有肛孔及外生殖器。

2. 土元的内部结构

土元内部结构分为消化系统、呼吸系统、循环系统、排泄系统、生殖系统等几大系统，现分述如下。

（1）消化系统　土元的消化系统自前向后分别为口、前肠（包括咽喉、食管和嗉囊三部分）、中肠（包括前胃和胃部两部分）、后肠（包括小肠和直肠两部分）和肛门（图13）。

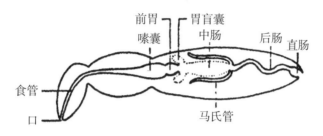

图13　土元消化道模式图

口周围的咀嚼式口器是摄取食物的器官，它将食物咬碎后吞下，进入嗉囊。嗉囊是食道膨大部分，是暂时贮存食物的地方。在贮存中食物被嗉囊液软化后黏合成团。嗉囊之后为一个膨大而肌肉丰厚的前胃，前胃的内壁具有外骨骼形成的齿状突起，可以继续研磨食物，把进入前胃的食物研得更细，同时还能阻止未经研细的食物向下运送。前胃的后端还有一个向前突入的贲门瓣，也有防止粗糙食物进入胃的功能。

胃是消化和吸收的主要部分，呈囊状。胃的前端有向外突出多条的胃盲囊，借以增加消化和吸收的面积。在胃的内壁有一层食物膜，有防止食物擦伤胃壁的作用，这层食物膜可以随时受破坏而脱落，脱落后还可以重新形成。另外，胃壁的细胞能分泌消化酶，可对食物进行彻底的消化和吸收。食物的残渣及水分进入肠，在小肠中吸收多余的水分后，在直肠中形成粪便，并通过肛门排出体外（图14）。

图14　中华真地鳖雌成虫消化系统图

11

（2）呼吸系统　土元是以气管进行呼吸的，这些气管将空气直接运送到组织中去进行气体交换。气管在体壁上的开口叫气门，通常位于中胸、后胸和腹部各节的两侧，它与体节上的气管相连。气管再分支成为微气管分布在各种组织中。体节上的气管通过气门与外界相通，气门有活瓣，可控制气门的自由开关，保证气体进出畅通。一般生活在潮湿条件下的气门较大，而且是开放式的。

（3）循环系统　土元的循环系统与其他昆虫一样是开放式循环，血液自心脏流出后，经过动脉进入血腔中运行，最后又通过心孔回到心脏。由于血液在血腔中流动压力比较低，这样可以避免由于附肢断后而引起的大出血，这是对附肢容易折断的极好适应。

心脏呈管状，位于腹部体节的背面，每节有一个膨大的心室，各心室有一对孔，心孔具有活瓣，能控制血流方向，与蜚蠊的背血管相似（图15）。血液包括血浆和血细胞，但血细胞中不含血红蛋白。因此，血液中只能带很少的氧气，其主要功能在于运送养料、分泌物和代谢产物。

图 15　蜚蠊的背血管（腹面观）

血腔又称血窦，为充满了血液的开管式的腔，它分别包绕着各个内脏，其中最大的围脏血窦包围了整个消化管，而腹血窦包围了中枢神经。

（4）排泄系统　土元的排泄系统为马氏管。马氏管是消化管向外的突起，在血腔之中，它能从血液中收集各种代谢废物，送入肠中，同粪便一起排出体外。所有马氏管均通过一段粗而短的基管，开口于中肠后端。马氏管弯曲折叠于中、后肠周围，与许多气管缠结在肠道上，可随肠道蠕动，将尿酸等排泄物排出肠腔，带出体外。土元排出的废物像其他陆生昆虫一样，主要成分是不溶于水的尿酸，因此在排出时不会消耗体内的大量水分，这是对干燥环境的一种适应。

（5）生殖系统　土元雌、雄异体，雌性生殖系统（图16）位于消化道的背面、侧面和腹面，包括一对由中胚层起源的卵巢和与之相连的侧输卵管，后者通入由体壁内陷而成的中输卵管，最后以阴道开口于第七腹节板后缘腹产卵瓣基部。在阴道两侧各有一不规则的叶状生殖副腺。

图16　中华真地鳖雌性生殖系统
1.雌性生殖系统　2.产卵器

卵巢：中华真地鳖卵巢每侧都含8条卵巢管，卵巢管为典型的无滋式，基部粗，端部细，端部为一端丝，并集合为一悬带，借此将卵巢悬于体腔壁或背隔上，端丝下方连着一串逐渐增大的卵室，卵室直接同卵巢萼相连，再由卵巢萼通向侧输卵管。

侧输卵管：侧输卵管左右各1条，由消化道的背面延伸到两侧，最后达到消化道下方，汇合成1条中输卵管。

中输卵管：中输卵管位于消化道腹面，约相当于第七腹节处。黑翅地鳖的中输卵管虽短，但仍较明显，由中输卵管通到阴道。而中华真地鳖无中输卵管，是由侧输卵管直接通向阴道。

阴道：亦称生殖腔，向外以生殖孔开口于腹部产卵瓣基部。

副性腺：位于阴道两侧，左右各一，不规则叶状，开口于阴道。当雌虫产卵时，能分泌黏性物质，使卵黏结成卵鞘。

产卵瓣：属外生殖器，由第八和第九腹节的附肢演变而来，分腹产卵瓣、内产卵瓣和背产卵瓣三对，因为在土内穴居生活，已大为退化，但保留其构造，隐于肛上板和末腹板之间，其中以中华真地鳖的产卵瓣骨化较强。

土元雄性生殖器官在消化道背方左右各一个精巢，它由若干条小管组成，能够产生精子。与精巢相连接的是输精管，其末端膨大成贮精囊，是暂时贮存精子的地方。两条输精管与一条射精管相连，而射精管连接阴茎，与生殖孔相通。此外，在射精管的上端与能分泌黏液的副性腺相连，黏液有保护精子的作用。

（三）土元的养殖价值

1. 土元的药用价值

现代医学对土元的化学成分做了测定，证明有效成分有四方面的特点：

> 氨基酸含量高，约占土元总体重的 40％，人体必需氨基酸约占氨基酸总量的 30％以上。
>
> 人体必需微量元素，如铁、硒、锌、锰、铜等含量较高。
>
> 不饱和脂肪酸，如棕榈油酸、油酸、亚油酸等含量较高，其中油酸占脂肪酸的 74.68％～86.32％。
>
> 还含有 β–谷甾醇、十八烷甘油醚（鲨肝醇）、尿囊素等多种生物活性物质。

通过对土元的化学成分分析和在临床上的应用，发现土元有更高的药用价值：

> 对白血病、肝癌、胃癌等有抑制作用，对恶性肿瘤有改善症状的作用。
>
> 有调节血脂、血压、溶栓作用。
>
> 可降低脑、心脏组织的耗氧量，提高其对缺氧的耐受性。
>
> 还有消炎、解毒、镇静等作用。
>
> 土元与其中药配成的方剂对乙型肝炎、脑梗死、腰疼等顽症有很高的治疗效果。

2. 现代中医对土元的利用

现代中医在古验方对土元利用的基础上，有较大的发展，目前中医利用土元的有 25 种 129 个处方。治疗癌症的就 20 种 49 个处方。随着中国人口老龄化，高血压、动脉硬化的病例逐渐增多，心、脑血管病困扰着中老年人群，医药上用土元与水蛭、蝎子等配伍，生产的欣复康、活血通脉胶囊、步长脑心通、血栓心脉宁、通心乐、逐淤通脉胶囊、脑乐泰等，为中老年人心血管病的康复做出了贡献。为此，土元的需求量逐年增加。

3. 土元的食用价值

世界上有许多国家的人们都有食用昆虫的习惯。如非洲人喜欢食蚂蚁，埃及人喜食蝗虫，澳大利亚人习惯吃蚱蜢。我国人民食用昆虫的历史更早，范围更广泛。如蝉、蚕蛹、蝗虫、天牛、蚂蚁、蟋蟀等。目前，昆虫食品以其高蛋白、低脂肪、营养丰富、味美可口，又无污染的特点，特别受现代人的青睐。目前，人们正在开发昆虫食品，如龙虱、土元等。蝎子也早已推上了餐桌。

土元是一种传统中药，具有活血化瘀的功效，并含有丰富的蛋白质、脂肪和11种人体必需的微量元素。在我国传统的药补不如食补的思想观念影响下，使人们逐渐认识到，与其有病吃药，不如无病早预防。因此，土元用作食品开发才受到人们重视。食用土元虽然不能像药用那样发挥全面药效，但可以增加营养，补充人体必需的脂肪酸和微量元素，可以调节人体神经—内分泌—免疫系统，提高人体免疫功能，增强体质，起到无病防病的作用。

食用土元以家养的为好，因家养的卫生、干净、个体大、质量好、便于采收，能保证做到品质好。

食用土元的采收分两种情况，一是冬眠后1个月左右采收。这是因为秋季土元在生理上食量大，体内积存了足够的营养物质，为冬眠做好物质贮备。这时采收土元不仅个体大，而且个体吃的食物已经排空，比较干净。二是在土元最后一次蜕皮后采收。这时的老龄若虫土元已经长到拇指那么大，即将变为成虫。另外，蜕皮前虫体已经停止吃食，蜕皮后体内已无食物，比较干净，同时刚蜕完皮比较嫩，适合人食用。

4. 土元食品的开发

土元不仅是传统的中药材，而且还含有丰富的蛋白质和大量人体必需氨基酸及对人体有益的脂肪酸、矿物质和微量元素。经常吃土元不仅能获大量人体所必需的营养，而且还能起到无病防病、增强人体免疫力的功效。

延伸
阅读

开发土元食品应考虑的几个问题

选择的虫体必须是家养的、健康的雌成虫体。采收的时间必须是脱完最后一次皮的初期，虫体还处在白色、乳白色或黄白色的时候。因为这时体内无食物，体表几丁质含量低；或在进入冬眠期后进行，这时虫体内也干净无粪便。

　　土元虫体有难闻的腥味，主要是挥发油中醛类物质，这类物质通过加热高温可以完全消失。因此，食用前必须经过开水浸泡杀死，用水蒸出味，阳光曝晒或火烘去湿，装袋密封备用。

小知识

土元食用可根据目的不同，采用不同的方法

　　单纯地为了增加营养和提高身体的免疫力的商品，可以制成土元胶囊，供其口服。这种方法是把秋后进入冬眠后的土元从池内筛出，冲洗干净，用开水烫死，晾干或烘干。把干燥后的土元粉碎，过 17 目以下的筛，然后把土元干粉装入胶囊，口服，每次 6 克，早晚各服 1 次，长期服用，有增强体质、提高人体免疫力的作用。有人实验证明，冬季服用土元粉感冒次数减少。

　　作为食品利用，可做成干炸土元。其方法是，将冬眠后 1 个月左右的土元采收后，用 1% 的盐水浸泡，洗涤干净，再用含盐 3%～5%，并含有五香调料的溶液（烧开），烫死浸泡，浸 4～5 小时，捞出后晾干或烘干，然后油炸，在无菌室内装袋，即成上市的食品。

　　五香溶液的配制：100 千克水加食盐 3 千克、桂皮 100 克、花椒 80 克、大茴香 80 克、肉豆蔻 40 克、良姜 40 克、小茴香 30 克、丁香 30 克、甘草 30 克，把以上香料用纱布包好放入水中煮 2 小时，待味入水后，用煮沸的五香溶液浸烫活土元，杀死后继续浸泡 4～5 小时，待味入体内后捞出晾干或烘干。五香溶液用完后保存，下次还可以与香料同煮继续用，再下料就酌情减少。

　　作菜肴用：目前也有人把土元用作菜肴，如"五香银鳖"等推向高档大宾馆、酒店的宴席。该产品的加工方法为：

　　材料的选择：加工"五香银鳖"的材料为蜕皮后未吃食以前采收的、尚处于乳白色时的土元。经过 1% 的盐水洗涤，用 3%～5% 的盐水浸泡烫死。

　　加工方法：以 50 千克鲜土元为单位，用食盐 1～1.5 千克、花椒 20 克、大茴 40 克、桂皮 70 克、肉豆蔻 20 克、良姜 20 克、丁香 20 克、小茴香 20 克、

味精 20 克、砂仁 20 克、陈皮 30 克。将香料用纱布包好，加水 50 千克煮 30 分钟，待香味散在汤中以后加入烫死的土元 50 千克，先用大火烧开，再用小火焖煮 25 分，捞出。在 2.66% 的山梨酸钾溶液中浸泡 5 分，捞出装袋，低温冷冻保藏，吃时取出化冻即可装盘。或将刚蜕完皮的土元用 1% 的食盐洗涤后，用 3%～5% 食盐溶液烫杀后，不做任何加工，在 2.66% 的山梨酸钾溶液中浸泡 5 分后，捞后装袋，冷冻贮存，吃时按酒店厨艺加工。

出口土元，增加外汇收入

做好土元有效成分的定性、定量分析工作，制定出出口标准，最理想的是把土元的有效成分提取出来，像西药那样制成片剂或针剂，便于使用。

大力开展土元及中药的研究，开发出药效明显、应用范围广、使用方便的中成药、中药片剂和针剂，增加出口量。

二、土元市场

（一）土元市场概况

根据中国药材集团公司信息中心《全国药材信息》提供的数据：2000 年市场对土元需求量为 300 吨左右，到 2010 年市场对土元的需求量增长到 5 000 吨左右，10 年间增长 15 倍多。目前土元市场供应量在 3 000～4 000 吨，土元的市场价格在 2 000 年的价格基础上每年每千克递增额达 35%。

造成土元市场缺口增大，价格不断上涨的主要原因是：

野生资源锐减。过去土元作为中药材靠捕捉野生供给，由于野生土元生活在厨房、库房、农家小院秸秆和柴草垛的虚土及野外阴湿含腐殖质的沙性土壤里。随着农村居住条件的不断改善及近几年的新农村建设，旧房翻新，楼房建造，地面硬化，卫生条件改进，在农家小院内土元失去了自然滋生场所；加之沙性土壤的改良及农药、化肥在田间大量使用，土元的野生资源迅速减少。这样靠捕捉野生土元远远满足不了日益增长的国内中药加工和出口的需要，收购价格也连年不断上涨：1980 年国家定价收购为每千克 5 元；1990 年药材市场报出的售价为每千克 35 元；2000 年药材市场报出的售价为每千克 45 元；2010 年全国几个大药材市场价格表显示为每千克 50 ～ 60 元。

人工养殖的土元市场供应量不大。随着土元市场价格的不断上涨，从事土元养殖的农民在不断增加，由于缺少技术指导，产量较低，能供应市场的商品土元数量不大。

（二）人工养殖土元的历程

人工养殖土元经历了一个缓慢而又曲折的发展过程。

改革开放之前，有野生土元分布的地区，有些农民把捕捉的野生土元进行零星养殖，也有以集体（当时的生产队或大队）名义进行养殖的，由于不了解土元的生活习性和生长特性，误认为土元是吃土、吃牛粪的，所以多数养殖者都没有养成，更谈不上经济效益了。

改革开放以后，多数农民靠承包土地，逐步解决了温饱问题，在国家提倡调整农业产业结构、增加农民收入的前提下，农民的思想观念也进一步开放了，开始探索新的养殖项目以增加收入。随着中药材市场的不断放开，一些捕捉野生土元的农民开始自发性地进行土元养殖。随着对土元的不断深入了解，养殖经验得到了积累，养殖技术也得到了完善，能养出一部分商品土元，也显示出了部分经济效益。

也就是在这个发展过程中，一些思想开放的"能人"把捕捉到的野生土元及采集到的土元卵鞘，作为"种苗"高价推销给农民，由于没有技术支持，大多数没有养殖成功，以亏本而告终，使"土元"在农民心中留下了"骗人"的伤痕。

进入 21 世纪以来，由于国家的重视、相关科研单位的投入，科技工作者在总结农民自发性养殖经验的基础上，结合土元的生物学特性，进行了深入的研究，对养殖技术进了行理论化、系统化的总结。中国科学院王林瑶先生编写的《药用地鳖虫养殖》及作者和多家科研单位专家共同编写的《土元养殖实用技术》等技术类专著都对农民养殖起了指导作用，从而推动了土元养殖事业的健康向前发展。

（三）人工养殖土元的现状

人工养殖土元经过多年的发展，目前仍没有形成一个大的产业，技术水平参差不齐，养殖规模大小各不相同，养殖效益更是高低不同。

有野生土元分布的地区，在捕捉野生土元的基础上，采用防野生的方法进行养殖，由于作为种苗的卵、虫以野外采集为主，成本较低，尽管养殖产量不高，养殖户也能取得一些经济效益。

没有野生土元分布的地区，农民一般以外地引进种苗（卵鞘或活虫）进行土元养殖。引进种苗质量差的、没有很好学习掌握养殖技术的，养殖效果不好，经济效益较差，有的还赔钱。通过系统学习养殖技术的、引进种苗质量好的、持续养殖的养殖户，经济效益较好。但是引进种苗价格较高的养殖户前期养殖的经济效益也不明显。

（四）土元引种注意事项

要想通过养殖土元取得更好的经济效益，土元引种时应特别注意：

一看：供种单位（个人）是否专业从事土元养殖技术研究，是否真正掌握了成熟的养殖技术，是否直接拥有专利技术。不要被去年卖树苗、今年卖土元或要啥有啥、啥都卖的倒种炒种者所忽悠。

二看：供种单位（个人）有无育种许可证，种卵是否通过政府有关部门检测，质量是否符合国家种子法的规定，不要被低价批发的商品卵块所迷惑，切记卵块不等于种卵，像鸡蛋不等于种蛋一样，不要盲目购种。

三看：供种单位（个人）有无固定的销售渠道，收购价格是否合理，合同是否公平。不要被高价（高于市场价格）回收的馅饼所诱惑。

小知识

1千克卵鞘有2万枚左右，每枚卵鞘内含卵粒10～20个，每枚卵鞘最低按孵出10只若虫计算，按80%的孵化率，即可以孵出16万只小若虫，小若虫按80%培育出成虫，可以培育出12.8万只成虫，其中雄性土元占

25%左右，雌性成虫平均1 200只左右，可加工1千克商品土元，可以生产80千克商品土元，按现行价50～60元/千克出售，收入4 000～4 800元。同时还可以留种，育成后全部留种产卵，年可收获卵鞘150千克左右，连续性孵化养殖，养殖面积可发展到300多米²，这样的养殖规模，仅占用20米²左右的房舍2～3间。第二年以后养殖效益可成倍增长，对广大农民来说，这确实是一个利国利民的发家致富的途径。

专题二
土元的生物学特征

专题提示

    人工饲养土元，必须掌握其生物学特性，方能为土元繁殖、生长发育创造适宜的条件，才能达到预期的目的，收到预期的效果。

一、土元的生活史

土元是不完全变态昆虫，它完成一个世代经历 3 种形态：

成虫（雄性有翅）→卵鞘→幼虫（若虫）→成虫

这个过程比完全变态昆虫少一个蛹期（图 17）。昆虫由幼虫变为成虫形态发生了根本的变化，中间还经历了一个蛹期，形态也是根本不同的；而土元由卵孵化出的幼虫（若虫），与成虫之间的形态和生活习性都相似，只是若虫的翅发育不完全，身体还未长大，生殖系统还未发育成熟，每经一次蜕皮，翅和生殖器官就发育生长一些，身体长大一些。所以，把这种变态称为不完全变态。

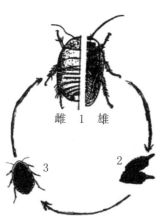

图 17　土元各虫态及生活周期

1.成虫　2.卵鞘　3.幼虫

二、土元的几种生活形态

1. 卵鞘

土元产卵时，生殖道周围副性腺分泌黏稠状的液体把卵子黏合在一起，在"拖炮"过程中逐渐凝固形成卵鞘。

卵鞘一般长 2～15 毫米，呈豆荚状，边缘有锯齿状的突起。每个卵鞘内紧密排列两排卵子，一个卵鞘内少的有 5～6 个卵粒，多的有 30 多个卵粒，平均 15 粒。

2. 孵化

孵化是把卵鞘放在温度、湿度适宜的环境中，使卵子进行胚胎发育，最后胎虫破卵而出形成幼虫的过程。这个过程是土元生活周期中形态发生根本变化的过程。

土元卵鞘孵化要求一定的积温，在孵化适宜的温度范围内，温度高的环境中，孵化时间短；在温度低的环境中，孵化时间长。

25℃ 左右时，孵化期为 50～60 天；30℃ 左右时，孵化期为 30～40 天。

3. 若虫的生长与蜕皮

土元在生长发育过程中，靠不断蜕去体表的角质层来完成生长发育，这一过程称蜕皮。每蜕皮一次，虫龄增长一龄，体型、体重增长一个档次，生殖腺前进一个阶段。

在土元饲养过程中，用蜕皮次数来划分虫龄，可以做好分级饲养管理。刚孵化的若虫为一龄若虫，以后每蜕皮一次，增加一个虫龄。在自然条件下，雄性若虫经过7～9次蜕皮，经历150～180天发育为成虫；雌性若虫经过9～11次蜕皮，经历180～240天发育为成虫。在人工加温、饲养室保持25℃以上的条件下，若虫期可以缩短为几个月。若虫老熟羽化为成虫，雄成虫长出翅，形态起了很大变化；雌成虫没有翅，其形态与老龄若虫相比没有变化。

土元的雌虫、雄虫、刚脱皮的若虫和产卵的成虫分别见图18至图21。

图18 雌性土元

图19 雄性土元

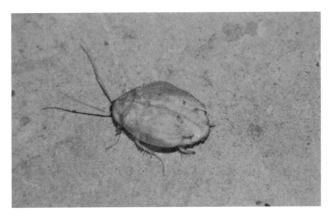

图 20　刚蜕皮的若虫

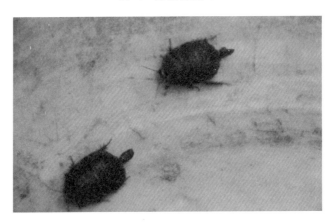

图 21　产卵的成虫

4. 成虫的交配与产卵

　　若虫经过多次蜕皮后，逐渐老熟，当最后一次蜕皮完成后，就羽化为成虫。成虫有生殖能力，在自然温度下，到了繁殖季节就能交配产卵繁殖后代，土元交尾见图 22。

图 22　土元交尾

三、土元的生活习性

（一）土元的生活环境

土元成虫和若虫均喜欢生活在腐殖质丰富、土壤疏松，且阴暗、潮湿、温度适宜的环境中。土元怕强光，多在夜晚出来活动、觅食和交配等，天亮时又钻进饲养土中；如果是隐蔽或黑暗的环境，白天也照样出土活动。

土元生活的土壤特点：疏松，便于土元钻进、钻出；含丰富的腐殖质；无化学物质污染，大气无污染；潮湿且湿度适中，绝不能干燥。

在野生环境中，多生活在农村旧房屋墙根下、农家小院周围的砖石缝隙中；在室内多生活在土地面厨房里的灶前含草末较多的土堆里，村舍附近的鸡舍、牛栏、马圈、猪舍内的食槽下，场院的柴草堆下，食品加工作坊、碾米厂、榨油坊等有虚土堆积的地方。在野外多生活在林地、湖泊、河流沿岸的枯枝落叶下的腐土层中、石块下的松土内。

土元生活的土壤条件：①疏松，便于土元钻进、钻出。②含有丰富的腐殖质。③无化学物质污染，大气无污染。④潮湿且湿度适中，绝不能干燥。

土元夏季白天室内一般潜土深度为 1.5～2.0 厘米，夜间潜土深度 1～2 厘米的最多。在野外生活或在室外饲养的，当温度适宜时，与室内生活、饲养的潜土深度差不多；但秋季或冬季则随着温度下降，则向土层中潜伏的深度加深，在中原地区潜土 10 厘米处的最多。

土元 1 天内的活动规律：19～24 时出土活动最频繁，24 时后的后半夜虽然也有少数个体活动，但为数甚少；每天 8 ～ 18 时，因光线强、人活动的干扰，则很少出外活动，甚至不活动。

（二）土元的生活条件

1. 土元喜温暖潮湿环境

土元的生长发育与环境温度有密切关系。每年的 4 月上、中旬，当土壤温度达到 10℃时，多数都出来活动，但由于温度低还不能觅食和生长发育，当温度达到 13℃时才能觅食、正常活动和生长发育。5 月的气温，土元已开始活动和觅食，但由于气温还偏低，生长发育较缓慢。6 ～ 9 月是一年中的气温最高的季节，这时土元新陈代谢旺盛、生长发育很快，产卵量也比较多。这期间所产的卵鞘，孵化出的若虫只需 8 ～ 12 天就能完成第一次蜕皮，而且以后每个月左右蜕皮 1 次。10 月中、下旬孵化出的若虫，当年就不能蜕第 1 次皮，待到第 2 年的 5 月中、下旬才能完成第 1 次蜕皮。9 月上旬以后产的卵鞘当年就不能孵化。一般来讲，土元能正常活动的温度为 13 ～ 35℃，最适生长发育的温度为 25 ～ 32℃。所以在野生的自然条件下每年能生长发育和繁殖的适宜温度只有 4 个月左右。在人工饲养条件下，必须采取一切措施进行人工控温，满足其常年连续生长发育的需要，提高养殖的经济效益。

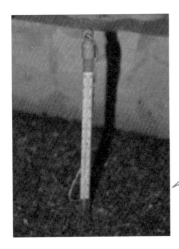

土元生长发育的最适温度为 25 ～ 32℃，相对湿度为 15%～ 20%

土元生活要求潮湿的环境，长期干燥的土壤会使它停止生长，甚至死亡；太湿也不利于生长发育甚至影响生活。在人工饲养条件下，饲养土的绝对含水量应为 15%～ 20%，即用手握成团，落地即散为宜。

2. 温度对土元生活的影响

土元是变温动物，环境温度的高低直接影响土元的体温。一般来说，温度较低时，虫体温度比气温略高；温度较高时，由于蒸发水分，虫体温度又略低于环境温度。由此可见，土元自身无稳定的体温、无保持和控制调节体内温度的能力。所以，它新陈代谢的速度，受外界环境温度的影响。土元对环境温度的要求有一个适宜范围，即 13～35℃。在这个范围内，随着温度升高，土元的新陈代谢旺盛，生长发育加速，这时的温度与生长发育速度基本上呈线性关系，并且能缩短生活周期。超过这一温度范围，土元则生长发育迟缓，繁殖停滞，甚至死亡。最适的生长发育和繁殖的温度是 25～32℃。

饲养土元也不是温度越高越好，一般温度上升到 35℃时，土元就感到不安，四处爬动，摄食减少，因而生长速度减慢，产卵成虫的产卵量减少；当温度上升到 37℃后，土元体内水分蒸发量加大，易造成脱水干萎而死

土元不同发育阶段的最适温度也不相同。一般来讲，成虫的最适温度要高于若虫，老龄若虫的最适温度又略高于中龄若虫，这是与它们的生理特性相符合的。当温度为 10℃以下时，土元的体温随着环境温度降低而下降，此时体内的新陈代谢速度也大为降低。为了度过低温期对生理的威胁，土元则进入冬眠状态，即潜伏在土中不吃不动，体内代谢水平极低。当环境温度低于 0℃时，往往处于僵硬状态，有少数个体死亡。土元抗低温的能力较强，冬季采集土元时，可见到虫体满身披有冰霜，但拿回室内逐渐升温后还能成活。试验证明，在 -10℃的环境中，虽然把虫体已经冻僵了，但经过 80 天到春天温度回升到 7℃时，大部分还能解冻苏醒过来，并逐渐活动觅食。尽管土元抗寒能力较强，但

在北方地区寒冷时间较长，气温常在 -20℃ 以下，故必须采取保温防冻措施，一般多移到室内适当供暖才不会受到损伤；中原地区冬季不甚寒冷，大批饲养时冬季可以在室外越冬，但必须在饲养土面上盖锯末、草，或在地面上盖塑料薄膜保温。

土元对环境温度的要求和反应提示我们在人工饲养时，应特别注意做好冬季越冬期的加温保暖工作；夏季高温季节，做好防暑降温工作，为其提供适宜的温度环境，加快它的生长发育。

3. 湿度对土元生活的影响

水是一切生命活动的基础。昆虫与其他生物一样，一切新陈代谢都是以水为介质的，如营养物质、代谢废物的运输、排除，激素的传递等生命活动，只有溶于水中才能实现。水的不足或无水，会导致正常生理活动中止，造成动物有机体死亡。

土元在人工饲养时，饲养土含水量应保持在 15%～20%，空气相对湿度应保持在 70%～80%。这样的湿度条件下，既能使土元在饲养土中正常生长发育，又能使其正常繁殖。

湿度对土元的影响是多方面的，即可以直接影响土元的生长发育，也可以影响到性腺发育和繁殖，甚至影响到孵化、蜕皮和寿命等。土元在人工饲养时，饲养土含水量应保持在 15%～20%，空间相对湿度应保持在 70%～80%。这样的湿度条件下，既能使土元在饲养土中正常生长发育，又能使其正常繁殖。如果湿度偏低，土元不但不能从外界得到水分，而且通过排泄、呼吸等过程散失体内的水分，使体内缺水，轻者生命活动受阻，重者死亡。但如果饲养土湿度过大，土内空气量减少，细菌在饲养土中滋生，土元在饲养土中难以生活。

所以人工饲养土元，要做好环境和饲养土的保湿工作，但要注意适宜的湿度范围，即在上述湿度范围内，若虫宜偏干些，成虫要偏湿些。产卵成虫的饲养土也应偏湿，这样可以增加成虫的产卵率，并使卵鞘顺利孵化，加速若虫的生长发育。

4. 光线对土元生活的影响

土元是喜暗怕光的昆虫，光能影响土元的活动。如天亮了土元就不活动或少活动，躲在土壤中，日落夜幕降临时，才出来觅食，寻找配偶等，十分活跃。

土元饲养室内一般用红灯泡或低功率白炽灯照明

土元怕光是怕强光，对适宜的弱光还是需要的，适宜的弱光反而有利于土元的生命活动。在人工饲养条件下，室内装上红灯泡照明，既方便饲养员进入室内管理，又有助于土元生长发育，繁殖后代，也可以提高单位面积的产量，是一举两得的措施。

四、土元的生理特性

（一）土元的冬眠特性

冬眠是土元对恶劣环境的一种适应。一般每年的"立冬"以后气温显著下降，当饲养土的温度达到10℃时，土元由于体温的降低逐渐停止吃食，不吃不喝进入冬眠状态。冬眠时土元像"假死"一样不动，体内的新陈代谢降到最低水平。到了第二年的"清明"前后，气温回升到12℃以上，饲养土的温度超过10℃时，土元开始复苏，出来活动和觅食；当土壤温度达到15℃以上时，开始生长发育，恢复其活力。

土元的冬眠不是受季节的影响，而是受环境温度的影响。在北方自然温度下土元"冬眠"的早，冬眠期长；南方"冬眠"的晚，冬眠期短。冬季在加温饲养的条件下，土元不冬眠，照样生长发育和繁殖。生产实践证明，气温的变化直接影响土元的活动。有条件的饲养场（户）可以采取冬季加温措施，使土元继续生长发育，缩短生产周期，提高饲养土元的经济效益。

（二）土元的假死特性

土元具有耐寒性、耐热性、耐饥饿和抗病力强的特性。但是，土元无自卫能力，一旦有响动和强光发出，便立即潜逃；逃不及被捕捉时，便立即装死，这种现象称为"假死"。

土元有时假死一阵子后，发现没有动物侵害，马上爬起来立即逃遁。"假死"是土元逃脱敌害的一种方式。

五、土元的饲料

土元是一种杂食性昆虫，食性广，人工饲养饲料易得且价格低廉。主要有粮食、油料加工后的副产品和下脚料，各种蔬菜、嫩青草、嫩树叶、农作物茎叶、水生植物和瓜皮、次水果等。此外畜禽粪便也是土元的食物。野生的土元觅食范围不大，有就近摄食的特点，如生活在厨房里的野生土元就是摄取掉在地上的饭粒、肉屑、菜叶、骨头等；居住在粮仓或粮食加工地的野生土元，就是寻食掉在地上的麦麸、碎粮等；生存在野外的野生土元，则是觅食周围的嫩草、嫩树叶，成熟的粮食、草子也是它们的食物。

土元虽然食性很广，但并不是所有的食料都爱吃，也有不喜欢吃的。也就是土元对食物也有选择性，有些食物它们就特别爱吃，对其有很大的诱惑力；有些食物就不爱吃，常常避而远之。所以人工饲养土元投饲时要注意观察记录，寻找土元喜食且又营养丰富、价格低廉的饲料原料，并把这些原料适当搭配，加上维生素和微量元素，满足其营养需要，使其生长发育良好、长得快、繁殖率高，提高饲料的利用率。

人工饲养条件下，可以把土元饲料分为6大类，饲养者可以根据自己的条件开发利用。

1. 精饲料

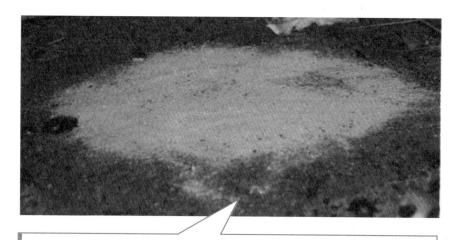

主要是粮食、油料加工后的副产品和下脚料，如碎米、小麦、大麦、高粱、玉米、麦麸、米糠、粉渣等。一般新鲜的均可生喂，炒半熟带有香味更有诱惑力。

2. 青绿饲料

　　主要包括各种蔬菜、鲜嫩野草、野菜、牧草、树叶、水生植物、农作物的茎叶等。如各种青菜，像莴苣叶、包菜叶、大白菜、向日葵叶、南瓜叶、南瓜花、芝麻叶、红薯叶、黄豆叶、蚕豆叶等；各种阔叶青草，如奶奶草、场场草、兔耳草、车前草、苋菜等；嫩树叶，如桑叶、榆树叶、刺槐叶、紫穗槐叶、泡桐树叶等；牧草，如菊苣叶、鲁梅克斯 K-1 叶、苜蓿叶、三叶草叶等；水生植物，如浮萍、水葫芦、水花生、水芹菜叶等。

3. 多汁饲料

　　主要指各种瓜果、植物块根、块茎等。瓜果类，如南瓜、甜瓜、西瓜皮、菜瓜、西红柿、茄子等，以及这些瓜类的花、叶等，还有水果的果皮、次品水果等；块根、块茎类，如胡萝卜、白萝卜、土豆等。

4. 粗饲料

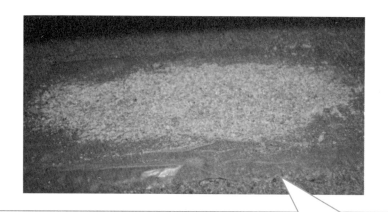

包括植物蛋白饲料和动物蛋白饲料。植物蛋白饲料，如去毒的棉籽饼、菜籽饼、黄豆饼、黄豆、豆腐渣（晒干）等；动物蛋白饲料，如鱼粉、蚕蛹粉、蛆粉、肉骨粉、鱼、虾、泥鳅等，以及厨房和食堂下脚料，如猪、牛、羊、鸡、鸭的碎屑、残渣等。

5. 蛋白质饲料

指经发酵腐熟、晒干、捣碎筛过的牛粪、猪粪、鸡粪等畜禽粪便。

在人工饲养条件下，可以把土元的各种食物进行科学搭配，为土元提供营养全面的饲料，满足各个生长时期的营养需要，保证其正常生长发育。

六、土元的生长发育特性

1. 卵鞘的孵化

每当土壤温度升到20℃左右时，卵鞘中的卵细胞开始分裂，形成胚胎。24～30℃的环境条件下，经过55天左右，卵鞘的一端破裂，幼小的若虫从卵鞘的破裂处靠蠕动离开卵鞘。刚离开卵鞘时不会动，体外还有一层透明卵膜包裹着，经过2～3分后，幼小若虫挣破卵膜爬出，开始爬行且爬行敏捷。刚从卵膜中挣出的若虫为白色，体形与成虫相似。孵化的最适条件，土温在30℃左右，湿度（土壤含水量）20％左右，在这样的温湿度条件下，可缩短孵化期。在孵化过程中，同样的环境条件下，有的卵鞘40天可以孵出若虫，有的卵鞘则60天才能孵出若虫，这可能与卵鞘新鲜程度和产卵成虫体质有关。

孵化时一定要掌握土壤湿度，土壤湿度低或者干燥，严重影响出虫率。湿度不合适，会延长孵化期，只要卵鞘尚未烂掉或破裂，经过3～4个月或更长

土元的卵鞘孵化时一定要掌握合适的湿度，否则会延长孵化期或卵鞘烂掉

时间后，只要恢复到合适的湿度，仍能孵化出若虫。

温度高低与孵化期的长短有密切关系，土壤温度高时孵化期短，土壤温度低时孵化期长。卵鞘孵化时需要一定总积温，当孵化土温度高时很快就达到了总积温，若虫孵出的就早；当孵化土温度低时，达到总积温的时间来得迟，孵化期就长。

2. 生长发育

若虫从卵鞘中孵出生长发育到成虫，雌虫连续生长要7～8个月（不包

括冬眠停止生长期），雄虫为6～7个月。由于若虫体质强弱有差异，在同一环境中，生长也有快慢之分。以中华真地鳖为例，在正常情况下，刚孵出的若虫平均体重0.005克／只，1月龄平均体重0.016克／只，2月龄平均体重0.043克／只，3月龄平均体重0.086克／只，4月龄平均体重0.159克／只，5月龄平均体重达0.317克／只，6月龄平均体重1.131克／只，8月龄平均体重1.612克／只，最大体重达3.517克／只。

土元生长发育过程中要经过多次蜕皮，每蜕皮1次虫体要长大一个档次；每蜕皮1次，土元增加1个虫龄。刚孵化出的幼小若虫8～15天蜕第一次皮，以后蜕皮间隔期逐渐拉长，在土温、土壤湿度合适的情况下，一般15～20天蜕皮1次。蜕皮的间隔时间大小虫有差异，幼小若虫期间隔时间短些，大龄若虫期间隔时间长一些；雌性若虫短一些，雄性若虫长一些。在相同的环境条件下，同一时期孵出的若虫长成成虫的时间不一样，雄虫比雌虫提前1个月左右。

若虫蜕皮与环境温度有密切关系。幼龄若虫期气温低于18℃、中龄若虫期气温低于21℃、老龄若虫期气温低于24℃便不能蜕皮。从卵中孵出的若虫到成虫，雌虫蜕皮9～11次，共10～11龄；雄虫蜕皮7～9次，共8～10龄。每增加1个龄期，虫体则比原来增大50%～90%。

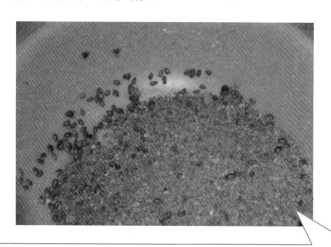

从孵出的幼龄若虫到成虫，体色逐渐变深，变化过程是：白色→米黄色→棕褐色→深色→黑褐色（雌虫）、淡灰色（雄虫）。

3. 土元蜕皮的过程

蜕皮临近时，先选择较为安静隐蔽的地方，3对胸足伸展，用爪抓紧物体，不食不动，此时为龄前预备期；经过 10 ~ 12 小时，先从胸部背板中央的蜕皮裂缝处开启一道缝隙，并逐渐扩大，头壳开始脱落，前足自旧皮中蜕出；用力抓住身体前面的物体，稍后再借助肌肉的收缩及不停地颤动，将全部身体蜕出旧皮。这时，如果饲养土或室内湿度小，则身体与旧皮发生粘连，无法脱掉旧皮而死亡。从胸背部开裂缝至全部虫体蜕出，需要经过 6 ~ 10 小时。蜕皮时间长短与环境湿度有密切关系，湿度合适则蜕皮时间短，湿度小则蜕皮时间长甚至蜕不下来皮。刚蜕出皮的若虫体色乳白，约经过 24 小时后，才由浅变深，逐渐恢复到原来的体色。在自然温度下，雄若虫期经 150 ~ 180 天羽化为成虫，雌若虫期要经过 180 ~ 240 天才能变为成虫。土元蜕皮后的雄虫和雌虫形态分别见图 23、图 24。

图 23　土元蜕皮后的雌虫

图 24　土元蜕皮后的雄虫

雄性成虫寿命较短，2 个月内就死亡，所以没有越冬的雄成虫；雌成虫的寿命较长，一般约 26 个月，最长的达 30 个月以上，超过这个时间失去生殖能力，衰老死亡。

七、土元的繁育特性

土元为两性生殖，卵生。即必须经过雌雄两性成虫交配、受精后产生受精卵才能孵化出幼虫（若虫），不经过雌、雄成虫交配雌虫也能产生卵鞘，但这种卵鞘不能发育产生新个体（若虫）。

每一年的春季冬眠后的老龄雄若虫开始出土活动觅食，待到土温达到15℃以上时，经过一段时间便蜕去最后1次皮，变为有翅的成虫。随后与发育成熟的雌成虫陆续交配。1只雄成虫可以与3～5只雌成虫交配。雄虫交配后翅膀破裂，1个月以后陆续死亡；雌虫交配后7天左右开始产卵，1次交配可生产受精卵，但也有在以后还与雄虫交配的雌虫。土元的交配旺盛期在夏、秋两季，但在秋末入冬以前以及翌年春天也能交配。交配率高低与气温有关，温度在25～32℃时交配率高，随着温度的降低交配率也随之降低。所以，种土元群中夏、秋交配盛期雄成虫要占种虫总数的40％，其他时期保留20％～30％就能满足雌虫受精的需要。

交配时，雌、雄虫大部分从饲养土中爬出，集中在池面或饲养土的四周，雌虫分泌性激素，引诱雄虫追逐交尾。此时可以看到，几只甚至十几只雄虫朝着发出性激素的雌虫方向飞速爬来，争相与该雌虫交尾，只有距离最近的或最强健敏捷的雄虫方能争到交尾的机会。土元交尾行为是，当雌虫散发出雌性激素时雄虫迅速赶到，围着雌虫反复转圈，当认定是该雌虫发出的后，调过头来与雌虫尾部相交，一旦交尾成功，雌虫便不再分泌性激素，其他雄成虫也就不再追逐它，另去寻找其他分泌激素的雌虫。

雌、雄虫交尾时间一般要持续30分左右（图25），也有的长达60分钟，最长的交尾时间达120分。交尾期间雄虫比较被动，不能吃食；雌虫相对比较主动，按主观意愿爬动，有时还能觅食。在雌、雄虫交尾时，室内要保持安静，不能惊动，特别不能有强光照射，否则它们争相往饲养土里钻，被迫脱尾，影响交配效果，也影响将来所产卵鞘的质量。

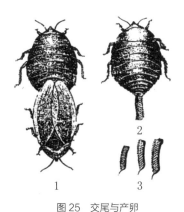

图25　交尾与产卵

1.交配　2.产出卵鞘　3.卵鞘

交尾 7 天左右，雌虫即可以产受精卵。在自然温度下，每年 4 月末或 5 月初开始产卵，5～10 月为产卵期，6～9 月为产卵旺期。1 只健壮雌成虫一生可产卵鞘 70～100 个，第二年产卵鞘最多，第三年逐渐减少。只要温湿度合适、饲养管理得当、取卵鞘及时，1 只雌成虫 1 年可产卵鞘 40 个左右。气温高时 4～6 天即产 1 个卵鞘，气温偏低时 10～15 天才能产 1 个卵鞘。采取加温措施，保持饲养室温度在 25℃以上，雌成虫常年都可以产卵。

土元产卵是连续不断进行的，前一个卵鞘产下来后，下一个卵鞘又冒出了头，并长时间拖在尾上，快的 2～3 天掉下来，慢的 5～7 天才能掉下来。连续产卵鞘 6～7 个，中间要停一段时间才能继续再产，这就像高等动物那样的产卵周期。

雌虫产卵时，生殖道附属的腺体分泌黏性物质，把产出的卵黏在一起而成卵块，即卵鞘。卵埋藏在甲壳质的卵鞘内，整齐地排成两排。卵鞘的长短不一，每个卵鞘的含卵量也不一样，最少 5～6 个卵，最多的 30 多个卵，平均 15 个卵。卵鞘孵化率高低与保存条件和保存时间长短有关，保存条件好的孵化率高，保存条件差的孵化率低；保存时间短的孵化率高，保存时间长的孵化率低。

雌性成虫每年产卵的多少、卵鞘的大小与虫龄和成虫的饲料营养水平有关。开产第二年的雌成虫比初产成虫和第三年的老龄成虫产卵多，卵鞘也大；初产雌虫和第三年后的老龄雌虫产卵少，且卵鞘较小。营养丰富、体质健壮的雌成虫产卵多、卵鞘较大；营养水平低、体质弱的雌成虫产卵少，且卵鞘较小。因此，在人工饲养条件下，给种虫要多喂一些精料，保证其营养需要，同时要保持饲养室和饲养土适宜的温、湿度，才能产更多、更好的卵鞘，提高饲养土元的经济效益。

专题三
土元的人工饲养设施

专题提示

　　土元的饲养设施与饲养工具，是人工饲养土元必备的条件，有简有繁，有一般性的设施，也有现代化的先进设施，我们介绍的是适合广大饲养户的一般设施。各饲养户应该根据自己的居住环境，因地制宜、因陋就简地建造自己的饲养场、饲养池和加温饲养室等设施，满足饲养工作的需要。

一、土元饲养场地建设

　　土元生命力旺盛、适应条件广泛，对场地和饲养房无过高的要求，但是根据土元喜温、喜暗等生活习性，应认真选择饲养场址，选择或建造饲养房，为其生长发育创造优越的生活条件，使之生长发育良好，提高繁殖力和提高饲养土元的综合效益。

　　1. 场地选择

　　人工饲养土元不仅要有饲养室，而且要有比较适宜的室外饲养池，实行室内饲养和室外饲养相结合，扩大饲养规模，获得最大的经济效益。

土元饲养场地应选择背风向阳地方，远离市区、村庄、排放有害气体的地方。场地应是没有办过工厂、畜禽饲养场，且地势较高、排水良好的地方；低洼地、排水性不好、长期泥泞的地方不能做土元的饲养场地。饲养场地的土质最好是沙质壤土，场地形状不一定整齐划一，不管什么形状只要精心规划都能达到预期的目的。

2. 土元饲养场的布局

室外场地要认真规划、合理布局，以求达到对场地的充分利用。下面是几个不同地形的场内布局图。图 26 为规整地形的室外养殖场布局图，图 27 为不规整地形的室外养殖场布局图。

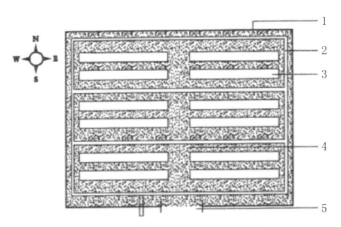

图 26　比较规整的室外养殖场布局图

1.围墙　2.场内排水沟　3.室外饲养池　4.人行道　5.场地正门

不规整的地形，可以根据其地形做池子的平面布局。例如梯形地形，可将池子做"品"字形设计小区；如果地形为"E"形，可根据地形设计"E"形小区；如果是椭圆形地形，可以把池子设计成"十"字形小区。总之，要根据地形合理利用场地，做好平面布局。

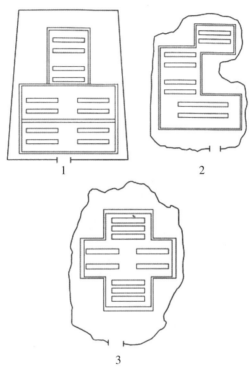

图 27　不规整地形饲养池布局图
1. 梯形地形　2. "E"形地形　3. 椭圆形地形

3. 饲养房的建设要求

不管是利用旧闲房屋饲养土元，或是新建土元饲养室，都必须选择地势较高的地方建造房屋，前后有窗户或有通风换气的设备。当室内需要换气的时候通过空气对流或通风设备换气，保持室内空气新鲜。窗户和门（纱门）必须安窗纱，夏季通风换气保持凉爽和空气新鲜时，防止蜘蛛、壁虎、老鼠和小鸟等有害物进入；要有供温设备和保温性强的设施，冬季进行供温、保温，保护室内温度在 20℃左右；冬季不供温情况下室内池子里饲养土层内温度在 0℃左右，保证土元安全冬眠。房屋的前面不要有障碍或遮阳物，后面要栽种一些落叶的阔叶乔木，便于冬季阳光白天能射进室内提高室内的温度，夏季能遮阳，防止饲养室温度超过 36℃。

土元喜阴、好静，所以饲养房建造或选择旧房都必须是比较安静的地方，自然光不能很强。室内装两种灯泡，一种是白炽灯泡，可以照明和调整光照；另一种是红灯泡，因土元看不到红光，这样管理人员随时进入时不需开白炽灯照明，另一方面可以增加室内温度。选择旧闲房的时候，不能选择存放过化肥、农药、非食用油料及化工原料的或有毒物的仓库，也不能选择这些仓库附近的闲房，因为这些房屋会长期散发有毒物质的气味，影响土元生活、生长发育和繁殖，甚至引起死亡。不同形式的饲养房及内部布置分别见图28至图39。

图28　饲养房排气系统

图29　饲养房加温

图30　孵化室加温

图 31　室内平面饲养

图 32　室内红色灯泡光照

图 33　室内白炽灯光照

图 34　饲养房窗户设置

图 35　立体多层饲养方式

图 36　大棚平地饲养方式

图 37　大棚遮阳设施

图 38　大棚防敌害网

图 39　饲养房保温建筑材料

二、土元的人工饲养方式

土元的饲养方式有室内饲养、室外饲养、室内和室外相结合的生态饲养。饲养设施也多种多样，现将一般的饲养设施介绍如下：

（一）土元的室内饲养

室内饲养设施种类很多，可以利用各种日常用具。

1. 缸养

适用于初次试养或小规模饲养户饲养，可以利用旧水缸、漏水缸、用水泥制作的贮粮缸等。内壁有光滑的釉，下层装饲养土，上半截留为空间，缸壁光滑防止土元逃跑，上面能加盖防止老鼠等敌害入侵。缸口直径50～60厘米、缸深50～70厘米，太深了影响操作。也可以用口径30厘米左右、深度30厘米左右的大钵子靠墙叠摆起来，形成立体结构，充分利用室内的空间。饲养缸、饲养钵的形状如图40。

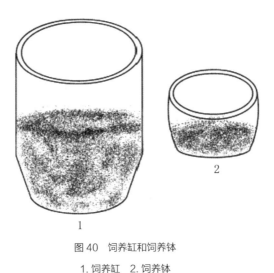

图40 饲养缸和饲养钵

1. 饲养缸　2. 饲养钵

缸养时缸底铺3～5厘米厚的小石子，小石子上面铺5～6厘米厚的湿土，这样如果饲养土湿度太大，水分可以渗到底层，上层乃可以保持适宜的湿度；湿土上面放饲养土。饲养土和小石子、湿土中间要插入一个直径5～6厘米、中间节打通的竹筒，当夏季气温高，饲养土中水分蒸发快的时候，从竹筒加水调节饲养土的湿度。饲养土高15～20厘米，竹筒的长度要高出饲养土表面约5厘米。缸口用铁纱网或尼龙纱网盖严、扎好，防止土元爬出或敌害进入缸内吃掉土元。如果没有铁纱网和尼龙纱网，缸口可以用厚塑料布扎好，塑料布中央剪一个直径25厘米的圆孔，圆孔边缘到缸口的边缘至少要有10厘米宽可以防止土元爬出。缸外壁要涂一个凡士林或黄油的环带，防止蚂蚁进入饲养缸内；或是在缸周围撒一圈石灰、灭蚁灵等药物，也可以防蚁、蜈蚣、蜘蛛等敌害进入。

2. 箱养

箱养也是小规模饲养户采用的饲养设施，是利用大小不等的包装木箱或购买的特制塑料箱（图41）。用木箱时应在木箱内壁上部20厘米处嵌一周玻璃带或在木箱内壁衬一层塑料薄膜，防止土元爬出逃跑；如使用塑料箱饲养土元，内壁可不必嵌玻璃环带或衬塑料薄膜。但由于塑料箱不能渗水，应在箱底先铺一层3厘米左右的小石子，石子上铺一层壤土，摊平压实，然后再放15厘米左右的饲养土，防止饲养土湿度大。

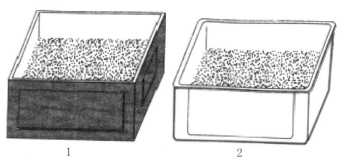

图41 饲养箱

1. 木箱 2. 塑料箱

对卵及幼虫可以使用特制饲养盒，盒长40～50厘米、宽25～30厘米、高20～25厘米；内壁嵌一宽10厘米左右的防逃玻璃带或塑料布。盒底铺供土元栖息的饲养土或锯末等，上面设用硬纸或薄木板制作的卵孵化盘及投放饲料的饲料盘。盒应有木盖，木盖中央留有一个观察及防止幼龄若虫逃跑的纱窗（图42）。此饲养盒适宜饲养1～3龄的幼龄若虫。

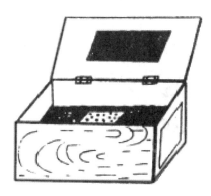

图42 土元卵及幼龄若虫饲养盒

3. 池养

室内饲养应建地上池，根据饲养室形状和大小设计饲养池的位置和大小，应以方便管理为原则（图43）。

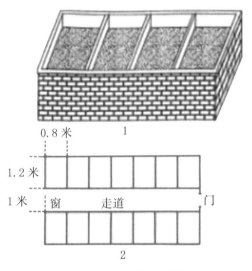

图 43　土元室内饲养池
1.饲养池示意图　2.饲养池布局图

饲养池底部底砖层与地面间要留有6～12厘米的空间，空间内填上锯末或稻壳，以利于与地面绝缘，冬季加温饲养时不会通过地面把热量散失。池子的内壁或者用玻璃条做起一条防逃带，或者用塑料薄膜自土层底部到池最上沿衬起，防止土元逃跑。饲养室门窗都要装纱门、纱窗，做好防鼠、防壁虎等敌害的工作。如果饲养室的防敌害工作做得不严密，饲养池上必须加盖纱网罩，防止敌害进入池内。

用塑料薄膜做成的防逃带

4. 立体多层饲养架

这种饲养设施是在饲养池的基础上发展起来的，适于大规模、商品化生产使用。特别是对房屋不足而又想大规模饲养的场家和个人更为必要。它可以充分利用室内空间，既能扩大饲养面积，又能节省投资。更重要的是这种立体饲养架保温性能好，虫体散发的热不易散失。一般这种池的温度要比地面池温度高4～6℃。这种立体式饲养架上层池温与低层池温有一定差异，需要高一些温度的虫龄和需要低一些温度的虫龄的土元都可以在这一个饲养室内饲养，非常方便，减少了按虫龄分室饲养的麻烦（图44）。

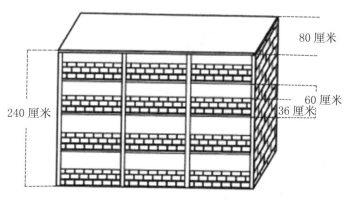

图44 立体多层饲养架

立体多层饲养架建造应就地取材，形状和大小要按照饲养室的条件设计。一般每格长度应在90～120厘米、宽度80厘米，总高度240厘米，每层高度60厘米，池壁高36厘米，池门高24厘米。这种饲养架式立体池一般4层。

立体多层饲养架后面多靠墙，与墙结合要紧密不能有缝隙。饲养架两侧用砖砌成，使用平砖，侧墙厚12厘米；底板、顶板可用薄水泥预制板，也可以用质量很好的石棉瓦；正面池壁可用砖砌，砖用立砖水泥沙浆，每层砖36厘米，也可用木板制作。池门有两种，一种为开放式的，不做门，但池内壁要做防止土元逃跑的防逃带。防逃的方法有两种，一种是在池内壁四周粘贴10厘米宽的玻璃条；另一种是在池内壁衬一层塑料薄膜。防逃带另一种做法是先在池门四周用小木方钉一个木框，然后再用小木方按照门的大小做一木框，装上窗纱，将纱窗用合页装在门框上。

立体多层饲养架层数、格数多少，均应按房舍的条件来定。一般来讲，一间宽3米、深6米、面积18米²的房间，其饲养面积可达50～60米²，可养土元250～350千克。

立体多层饲养室主要优点是充分利用室内空间，饲养量大。但也有其缺点，主要是通风、散热效果不好，特别是夏季更为明显。因此，应采取一些措施加以解决。第一，每层池的高度不能低于50厘米，池门的高度不能低于20厘米；第二，当室内温度升至37℃左右时，采用通风降温措施；第三，在建造立体多层饲养架时，就应安装通风换气设备。立体多层饲养方式分别见图45至图47。

图45　砖体立体多层饲养

图46　石棉瓦立体多层饲养

图47　木结构立体多层饲养

（二）土元的室外饲养

室外饲养多采用半地下式饲养池（图48）。土元生长发育的最适宜的温度为25～32℃，土壤相对湿度15%～20%，空气相对湿度75%～80%。利用半地下式饲养池可以克服气温和空气湿度的骤然变化。半地下式饲养池温度比较稳定，可以减少饲养土中水分的蒸发量，保持土元稳定的生活环境。

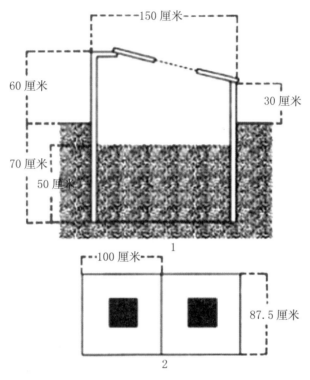

图48 室外半地下式饲养池

半地下式室外饲养池适合较大规模的饲养。半地下饲养池地下部分70厘米左右，宽度150厘米左右，长度可根据场地的地形和大小安排，池底铺平夯实后，四周用砖砌出地面，北池壁总高度130厘米，地下部分70厘米，地上部分60厘米；南池壁总高度100厘米，地下部分70厘米，地上部分30厘米。池壁用卧砖砌起，外面用水泥沙浆勾缝，池内壁用水泥沙浆抹面，并用水泥浆抹平、抹光滑。池口用水泥制成薄预制板，预制板长100厘米，宽87.5厘米。中间留一个30厘米见方的小方窗，小方窗四周用小木方固定铁纱网，水泥薄板的厚度2厘米。夏、秋气温较高的季节，池口盖水泥薄板，并通过纱网方孔观察池内的情况和调节池内空气，并在池子的四周种上葡萄，搭起葡萄架，便于遮阳。到冬季葡萄落叶、气温较低的时候，把盖板拿下妥善保存，在池顶盖上塑料薄膜。因北池壁高、南池壁低而形成一个斜面，阳光能直接射入池内，提高池周温度，延长土元在室外的生长期。

到冬季进入寒冷季节，池子周围培土，池顶塑料薄膜以上加盖草帘子保温，保持池内温度在0℃以上，饲养土的温度在6～8℃，使土元能安全越冬。第二年春暖花开的时候去掉草帘子，靠塑料薄膜透射阳光，使池内温度尽早达到土元生长发育的温度，延长每年的生长期。

（三）土元的室内室外结合饲养

室内饲养冬季加温，可以延长土元的生长期，提高产卵率，提高饲养土元的经济效益。但是，室内饲养规模受到限制，不容易建大规模饲养场。而室外饲养可以形成大规模饲养场，但是在自然温度下生长发育季节有限、繁殖数量有限、经济效益一般。最好的方法是采用室内加温饲养与室外生态饲养相结合，能够获得很高的经济效益。

室内加温饲养只养种虫和幼龄若虫，种虫可以常年产卵，提高繁殖力。在自然温度下，1只雌成虫每年可以产40个卵鞘，而在加温饲养的条件下，每年可以不断生产卵鞘。在加温饲养室内可以进行常年孵化。幼龄若虫饲养到3龄以上时，转到室外饲养，可以节省很多饲养室。

室外饲养池在每年的4月初加盖塑料薄膜透光增温，可使土元进入生长期，延长生长期1个月；秋后10月中旬至11月末加盖塑料薄膜提高池内温度，又可以延长生长期1.5个月。那么冬季繁殖的幼龄若虫，经过冬季和早春的室内饲养和晚春、夏季和秋季的室外饲养，当年入冬就可以收获。这种室内、室外结合的生态饲养方法，可以常年进行繁殖及培育幼龄若虫，春、夏、秋集中培育大龄若虫，集中收获，经济效益突出。

所以，理想的土元饲养场，应在饲养场地建大量的室外饲养池，并有加温饲养室，进行综合型的生态饲养。

三、土元的饲养用具

土元饲养用具分筛选用具（图49、图50）、饲料盘和其他操作工具。其他操作工具有大塑料盆、小塑料盆、平土小锄头。

1. 筛选用具

筛选用具是用来筛土、筛土元的。土元按龄期分池以及采收成虫、卵鞘等，都需要筛子。筛子的型号是分目的，所谓"目"，就是每英寸（2.54厘米）长度上筛孔的数目，并以此数目为目数。即1英寸长度上有6个孔的，即称6目筛。不过目前农村通常用公分（即厘米）作为量度。

图49　小型筛

图50　大型筛

　　2目筛（即：1.3厘米）：筛取收集成虫用。

　　4目筛（即：0.64厘米）：筛取7～8龄老龄若虫时使用。

　　6目筛（即：0.4厘米）：筛取卵鞘、筛下虫粪时使用。也可以筛一般小若虫。

　　12目筛（即：0.21厘米）：分离1～2龄若虫时使用。

　　17目筛（即：0.15厘米）：筛取刚孵化出来的若虫、筛除粉螨时使用。

由于目前市场上经管网筛的型号不很规范，在制作筛子时，可参考以上型号的尺寸进行选购。

筛的规格有两种，30厘米×30厘米×7厘米，45厘米×45厘米×8厘米。前一种适于家庭饲养用，大规模饲养两种规格的筛子都要有。

筛子的结构由筛框和筛网两部分组成。筛网可以选用铜丝、不锈钢丝、尼龙丝等编织而成。筛网要光滑，筛动时阻力小，不易损伤虫体，可以减少伤亡。筛框一般用木板、铁皮、塑料板等比较光滑的材料制成，圆的、方的均可。方的可以制成正方形的，也可以制成长方形的。框厚1.5厘米左右。筛网用木条钉牢。

2. 饲料盘

过去的一些饲养场或饲养户把饲料直接撒在饲养池内饲养土的表面，供土元取食，这种做法会使剩下的饲料因土元入土、出土时对饲养土的翻动而混入饲养土中，时间久了由于饲养室温度较高、饲养土潮湿，会使这些残留的饲料发霉而污染饲养土；另外，有些饲养场或饲养户是把塑料薄膜铺在饲养土上，把饲料撒在薄膜上。

为了把剩余饲料及时取走处理，避免污染饲养土，也为了掌握土元的采食量和操作方便等，应该采用饲料盘来装饲养料。饲料盘多种多样，可就地取材。可以采用比较浅的陶瓷盘，也可以采用比较浅的塑料盘，这些都可以到市场上选购。如果饲养规模比较大，购买现成的饲料盘用量比较大，可以自己钉制。钉制需要的材料可用薄木板，也可以用三合板，厚度0.3～0.5厘米，四周钉上梯形小木条，小木条高0.5～0.8厘米，坡度45度，防止饲料滚出。

饲料盘的规格可分为大、中、小三种：

大饲料盘：50 厘米 ×30 厘米，供成虫和老龄若虫饲养使用。

中饲料盘：30 厘米 ×20 厘米，供中龄若虫饲养使用。

小饲料盘：20 厘米 ×15 厘米，供 3 ～ 4 龄若虫饲养使用。

每平方米成虫和老龄若虫饲养池中，可放 2 个大饲料盘；每平方米中龄若虫饲养池中，可放 4 个中饲料盘；每平方米 3 ～ 4 龄若虫饲养池中，可放 5 ～ 6 个小饲料盘。饲料盘放置要均匀，便于土元采食。

3. 其他饲养用具

（1）塑料盆

塑料盆要准备 2 ～ 3 个大型的，可以是圆形的，也可以是椭圆形的；准备 3 ～ 5 个小型的塑料盆，用于转池时、配制饲养土时暂放原料。

（2）平土锄头

小锄头宽 15 厘米，月牙形，把长 50 厘米，用来平整饲养池中的饲养土，或刮取饲养土表层掉的饲料、菜叶等杂物。

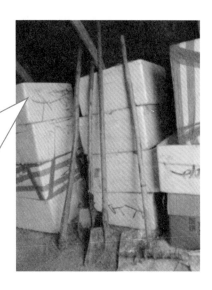

四、土元饲养设施的消毒

野生土元在自然条件下生命力很强，抗御病害和避开虫害的能力较强，另一方面分散栖居，即使有个别受到病原体的侵害生病死亡，也不会危及全群。但在高密度饲养条件下，因为活动范围缩小、生长迅速快等特点，病虫害更容易在群体中流行，因此对土元病、虫害防治是关系到生产成败的关键环节。

在土元投放饲养池以前，对饲养室、饲养池、各种设备、用具有必要进行一次全面的消毒和卫生处理，这是减少土元病、虫害的重要环节。

（一）消毒处理

饲养室内过于潮湿、空气污浊、不清洁、不卫生，常常使病原微生物繁衍，使饲养室更恶化，如果不事先处理好就投放土元种，会引起大量死亡，使生产遭到严重损失。饲养室、饲养池的消毒可采用三种措施，即通风换气、日光照射和化学药品消毒。

1. 通风换气

通风换气本身并不能杀死病原微生物，但是却能使室内的空气中病原微生物变得稀少，降低发病率。在没有进行控温饲养以前或春、夏、秋室外气温偏高的情况下，每天可打开门窗，加大通风量，在半小时内就可以净化空气。

在冬季每天中午室外气温相对偏高时，可以把室内温度提高3℃左右，打开窗户通风半小时或用排风扇换气半小时，待到室内温度降到所控制的温度或略偏低时停止换气，即在不影响室内温度的情况下，每天进行通风换气。

2. 日光照射

日光中的紫外线能杀灭细菌，具有很好的消毒作用。有些能移动的饲养设备和用具，经常拿到日光下曝晒，可以起到消毒作用。

3. 化学药品消毒

化学药品消毒剂常用的有漂白粉、福尔马林（40％的甲醛）、来苏儿、新洁尔灭、石灰、铜制剂，目前用于空间消毒的有百毒杀、菌技杀等。

（1）空间消毒　每立方米空间用1％的漂白粉10～30毫升，对空间消毒；还可用百毒杀、菌技杀按说明书用量配制溶液，用于空间消毒比较安全。

（2）地面、墙壁和饲养池消毒　10％～20％的石灰乳可用于涂刷饲养室墙壁和饲养池进行消毒；1％～2％的福尔马林溶液可以对墙壁、屋顶、池壁进行喷雾消毒；用3％～4％来苏儿溶液对地面、墙壁、饲养池进行消毒；用1％新洁而灭对池壁喷洒消毒，干燥后即可投入使用。

（3）用具消毒　铜制剂消毒饲养用具效果较好。0.1％～0.2％硫酸铜或氯化铜可消灭真菌，0.01％的硫酸铜或氯化铜溶液可以对用具上的细菌进行消毒，0.1％～0.2％的高锰酸钾溶液可以对用具浸泡消毒（图51）。

图51　浸泡消毒

（二）灭虫处理

危害土元的有害虫类很多，常常在室内生存的有蚂蚁、蜘蛛、鼠妇、蟑螂、螨虫等。饲养室和饲养池在使用以前都必须进行消毒。即从源头上消灭害虫、净化饲养环境。其方法有两种：

1. 药物喷雾灭虫

选择喷雾杀虫药时，应选择残效期短的药物，如敌敌畏、三氯杀螨醇和杀螨灵等。80％的敌敌畏乳油稀释1000倍，对墙壁、地面、屋顶、饲养池全面喷洒，可以杀灭所有害虫。喷洒操作时要特别注意角落和一些缝隙，喷洒后关好门、窗，3天后打开门窗换气，然后使用；对蜘蛛和螨类，可使用三氯杀螨醇，即40％的三氯杀螨醇乳油稀释1000倍进行全面喷雾，关好门窗，3天后开窗通风换气，气味散尽方可使用。

2. 熏蒸灭虫

熏蒸灭虫效果最好、最彻底，墙角、缝隙烟雾都能熏到。使用熏蒸灭虫时要做好以下几方面的工作：杀虫空间密封效果要好，要做好防止周围人群和家畜家禽中毒的工作。

（1）磷化氢气体熏蒸　可用磷化铝片，每立方米空间3～4片，密闭3天，3天后打开门、窗通风换气，过5～6天残留毒气就可以散尽，这时方可投入使用。磷化氢气体有毒，使用时必须注意安全。磷化氢气体有咸鱼味或大蒜气味，开门窗散气5～6天后，可以用嗅觉检查有无余气，如还有这样的气味，暂时还不能使用，再散几天后再使用，防止中毒。

（2）用80％的敌敌畏乳油熏蒸　把80％的敌敌畏乳油按每立方米空间0.26克的标准，用布条浸蘸药液，挂在饲养室内，密闭饲养室2天后通风散气，3～5天后若无敌敌畏气味方可投入使用。

（3）使用氯化苦杀虫　氯化苦具有杀虫、杀菌、杀鼠等作用，一般在20℃以上的温度时使用，温度愈高效果愈好。饲养室按每立方米空间20～30毫克用药。氯化苦对害虫的杀伤作用缓慢，一般饲养室密封要4～5天才能打开门、窗放气。由于氯化苦对物体吸附力较强，所以通风散气时间也应长一些，一般散气15天左右。氯化苦对动物和人均有非常强的毒性，对人还有催泪作用。每升空气中含0.016毫克氯化苦对人就有催泪作用；每升空气含0.125毫克氯化苦，就能引起人的咳嗽、呕吐，30～60分则可死亡；若每升空气中含0.2毫克氯化苦，10分就能引起人的死亡。

使用氯化苦要注意以下几方面的问题：

使用时要注意安全，避免操作人员不慎吸入；饲养室要密闭，提高熏蒸效果；散气要彻底，要缓慢进行，白天不方便时可在晚上人少时进行；

放气完毕进入之前，人先站在门口附近，感觉有无残留气体，如果人感到流泪，应继续放气；氯化苦气体比空气重得多，扩散速度不快，因此要在高处均匀施药。饲养室四角应增加药量或于施药前在室内放台电风扇，在操作后开动电风扇使室内空气流动，效果更好。

五、土元饲养土的配制

室内饲养、室外饲养，仅仅是为土元提供了一个饲养环境，不管是采用哪种环境，饲养土都是土元赖以生存的主要条件。

（一）土元对饲养土的要求

生产实践中，养殖专家对土元饲养土做了 3 个试验，即湿度试验、肥度试验和细度试验，土元的选择情况如下：

1. 湿度试验

把一个饲养池分为 3 段，放置不同湿度的饲养土。一端的饲养土比较干，用手握不成团；另一端的饲养土比较湿，用手握成团，触之不散开；中段的饲养土用手握成团，触之即散。然后在饲养池中放入适量的土元，几天后发现，土元大部分集中在中段的饲养土中。

2. 肥度试验

把饲养土分为 3 段，一端放一般的壤土，另一端投放杂质较多、较肥沃的饲养土，中间段放含腐殖质较多、比较肥、清洁的饲养土。然后向饲养土中投放适量土元，几天后发现，大部分土元都集中在中间段的饲养土中。

3. 细度试验

同种质量的饲养土、同样的湿度，而细度不同。仍将同一个池子分为 3 段，一端放用 4 目筛筛过的颗粒较大、不拌稻糠灰或草木灰的饲养土；另一端放用 17 目筛筛过的颗粒较细并拌有 30% 稻糠灰或草木灰的饲养土；中间段投放用 6 目筛筛过的颗粒适中、拌有 30% 稻糠灰或草木灰的饲养土。然后投放适量土元，几天后发现，中段饲养土中聚集的土元最多，用 17 目筛筛的细土饲养土中次之，颗粒大的饲养土中最少。

土元一般喜欢栖居在饲养池的四角和边缘，以上 3 种试验都是池的中间段栖居的最多，由此可见饲养土选择、调制得得当与否，与土元生长发育关系极大。

根据以上 3 种试验提供的结果看，饲养土元饲养土必须做到：

（1）土质肥沃　饲养土中应含有丰富的营养物质，补充土元部分饲料。

（2）土质必须疏松　从土元生活习性看，长期潜伏在饲养土中，土壤疏松便于其钻进、爬出，土壤疏松缝隙大、空气充足对生存有利，土质坚硬对土元生存不利。

（3）饲养土湿度适中　土元喜欢湿润的饲养土环境，潮湿的饲养土能满足其对湿度的需要。

（4）饲养土颗粒适中　也是便于钻进钻出，并能保持饲养土中空气充足而新鲜。

（二）对饲养土的处理

准备饲养土时，取土时间一般在冬季，这时土壤中的病原微生物、病虫及卵很少，经处理容易净化。取土的地方，应选耕地中的壤土，此处无污染。取土的方法是先将土层翻开打碎，在太阳光下曝晒灭菌、驱虫，并过筛除去杂质及碎砖屑、石块等。过筛用 6 目筛，这样土粒大小适中。如果取的土暂时用不了，可先将用不着的部分堆放在一干净处，等用时再摊开在阳光下曝晒几天灭菌、灭虫，然后彻底用药物灭菌、灭虫。

1. 饲养土的灭菌处理

先把灭菌药品配成溶液，然后拌入饲养土，堆积并焖一定时间后使用。饲养土灭菌可用 0.1%～0.2% 的高锰酸钾溶液拌土，0.1% 的新洁而灭、0.1%～0.2% 的硫酸铜、氯化铜均可以达到应有的效果。

2. 饲养土的灭虫处理

饲养土灭虫的药品较多，这里介绍两种常用的药品。

敌敌畏灭虫：敌敌畏对多种地下害虫和线虫都有效，使用时按每立方米饲养土用 80% 的敌敌畏乳油 100 克，稀释 100 倍后均匀地喷洒在饲养土上，边喷边翻，使其尽量分布均匀。然后用塑料薄膜覆盖，四周压好，防止漏气，堆积 1 周左右翻开散气 10～15 天方可使用。堆积灭虫时温度越高越好。

磷化氢灭虫：这种灭虫原理是用磷化铝片剂与水反应产生磷化氢毒气。磷化氢毒气对多种昆虫和线虫都有杀灭作用，使用时按每立方米饲养土用磷化铝片剂6～7片的标准，把片剂压成细粉末，迅速拌匀立即覆盖塑料薄膜，四周压好，防止漏气。焖制1周，打开堆的一角缓慢散毒气5～6天，再揭开塑料布，摊开饲养土在阳光下曝晒10天左右，方可使用。磷化铝有剧毒，在粉碎、拌土和摊开散毒气时，要特别小心，防止自身中毒和畜禽中毒。

在生产工作时，灭菌往往和灭虫同时进行。所用的药品除有特殊说明，或非碱性药品都可以混合使用。另外，敌敌畏蒸气对人、畜均有毒性，使用时要特别注意安全。喷洒敌敌畏溶液时，应戴口罩并站在上风头，家畜如在下风头也应将其赶往他处，防止人畜中毒。处理完毕的饲养土，应尽量将毒气排放干净，最好在阳光下多晒几天更为安全。

（三）饲养土的制备程序

饲养土的制备程序：饲养土的制备程序包括取土、消毒和加各种补充物等环节。

1. 取土

土元对环境的适应力很强，凡是黏土、壤土、沙土、灰土以及炉灰等都能做土元的饲养土。一般要求饲养土疏松、肥沃、潮湿为好。太黏不能用。土壤选好后用6目筛过筛，去除杂质和小石块等。

2. 消毒

取土后要对饲养土进行严格的灭虫、灭菌处理。

3. 加各种补充物

石灰可以补充土元蜕皮、产卵过程中所消耗的钙质，还能促使若虫早蜕皮、雄若虫生长期缩短、雌成虫产卵量提高。石灰还有消毒和防腐作用。所以饲养土中要加石灰，添加量为2%，即98千克饲养土中加2千克已风化的石灰粉。此外，饲养土中还要补充其他物质，如添加草木灰、草末、锯末、稻壳、煤灰、各种畜粪等，可使饲养土疏松，并增加腐殖质。所以，就形成了多种饲养土。

小知识

几种饲养土的制备方法

煤灰饲养土：用烧过的煤灰过筛制成。取材方便，料质干净，不会发霉变质。也可以加一些锯末，煤灰与锯末的比例为7：3。

菜园土与锯末配制的饲养土：取肥沃、疏松、潮湿的菜园土，把土打碎过6目筛，除去杂质，然后在日光下曝晒，或用药物作杀菌杀虫处理，然后把锯末也作同样的杀菌处理，土与锯末按3：7混合即成。选择菜园土做饲养土的配料时，取土的地方一定避开农药化肥污染的地方。

菜园土与草木灰配制的饲养土：取肥沃、疏松、潮湿的菜园土经过灭菌灭虫处理，再加草木灰或稻糠灰。土和灰的比例为 3 ：7。刚烧过的灰不能马上使用，必须存放 2 周以上方可使用。

混合饲养土：肥沃的土壤、锯末、高粱壳各 1 份配制而成；肥沃洁净的土壤、草籽和各种豆末、干畜粪、草木灰打碎过筛各 1 份配制而成，灭菌灭虫后方可使用。

草灰饲养土：草灰含有机质 50% 左右，氮约 2%、磷 0.2% ～ 0.5%、钾 0.2% ～ 0.6%、钙 1.5% ～ 2.0%、腐殖酸 15% ～ 30%。以草灰做饲养土，质地疏松、保水性好、营养丰富，且无农药化肥有害物质，相同饲养管理条件下土元若虫可提前 1.5 ～ 2.0 个月变为成虫，且虫体光泽好、肥大，产卵率能提高 10% ～ 20%。

制作方法：先将草灰晒干，敲碎，过 6 目筛，在过筛时加 1% ～ 2% 的生石灰，用 0.05% 的尿素溶液调至手握成团、触之即散的湿度，然后放入锅中加热翻动，待温度上升至 80℃时将锅盖严，持续半小时，再焖一夜，促使各种有机物分解，调至微碱性。出锅后撒开以散发气味，5 天后可以使用，使用时再加入适量糠灰。

用动物粪便制作的饲养土：80% ～ 90% 的菜园土，加 10% ～ 20% 腐熟的鸡粪、牛粪或猪粪，加 1% ～ 2% 的熟石灰；或者用一般肥沃、疏松的土壤，加 25% 经过发酵的牛粪，加 1% ～ 2% 的熟石灰。

用堆肥法制作饲养土：取疏松壤土、杂草末和少许水底污泥、适量畜禽粪混均匀，每立方米加 100 克 80% 敌敌畏乳油，稀释 50 倍搅拌均匀，堆积成馒头形，外面用塑料薄膜盖严或用稀泥抹一层发酵。夏季经过 20 天左右，春秋两季经过 30 天左右即可使用。发酵过程中夏天要翻堆 1 次，春、秋季要翻堆 2 次，翻堆将表层的堆料翻到里层，把里层的堆料翻到表层，目的是让堆料发酵均匀。堆积料发酵腐熟后，摊开晾晒散气，再拌入 30% 的糠灰或草木灰，然后过 6 目筛，除去杂质后待用。这样的饲养土肥沃、疏松、潮湿，且腐殖质丰富、矿物质和微量元素齐全。

蚯蚓粪制作饲养土：蚯蚓也是一种传统的中药材，中药名称"地龙"，饲养成本低，市场销售量大，可以与土元结合起来饲养。蚯蚓食料的制备方法是：牛粪 50%、污泥或肥土 30%、稻草或麦秸碎草 20% 拌和均匀。堆积发酵湿度达到手握成团、触之即散，温度达 60 ～ 70℃，盖上塑料薄膜堆积 5 ～ 7 天，待温度下降时，把料堆翻开抖松进行第一次翻堆。如果有被菌丝缠结的块状料，要把其捣碎重新堆积发酵。这时再适当洒水，同时喷入一些尿素溶液增加堆料氮的含量。喷洒尿素溶液时，堆料底部稍多，中部次之，上部不喷，这样通过上升的氨上部可以获得氮。堆积过程中第一次翻堆后以后每隔3～5天翻1次，翻堆3～6次便完成蚯蚓饲料发酵过程。

堆积料腐熟后可以投放蚯蚓，一般10千克饵料投入成蚯蚓1 000条左右，经过20天左右饵料便大部分粪化，然后将蚯蚓分离，把蚯蚓粪按菜园土的比例加入制备土元饲养土。

（四）饲养土的湿度与测定方法

1. 经验测湿法

经验测湿法是凭操作者的生产经验来判定，不一定十分准确，但是都能在土元生活湿度范围，不会影响土元生长发育。

掌握饲养土湿度的简单方法有3种：

一是手握饲养土成团，松手即散，这样的饲养土含水量约15%。

二是手握饲养土成团，触之即散，这样的饲养土含水量在17%～18%。

三是手握饲养土成团，离地面5～10厘米的高度丢下，落地即散，含水量在20%左右。

这三种测定饲养土湿度的方法简便、易学易懂、易掌握，但对初次从事土元饲养没有经验的人可能还有一定的难度，要认真操作，降低误差。

2. 精细测定法

精细测定法是使用高温烘干箱，将水分全部蒸发掉，然后由含水时饲养土的重量减去不含水时饲养土的重量，计算出水分在饲养土中所占的百分比。这种测定方法测出的结果非常精确，适于搞科研时采用。具体做法是：取10克饲养土放入铝制的金属盒里，然后放入110℃烘箱中烘烤2～4小时，将饲养土倒出称其烘烤后的重量，则可以计算出含水量。计算公式为：

$$饲养土含水量 = \frac{取样时间饲养土重 - 干重量}{取样时间饲养土重量} \times 100$$

专题四
土元的人工饲养技术

专题提示

土元的饲养技术是搞好生产、提高经济效益的重要环节，这一环节抓好了，就奠定了生产的基础，否则会导致生产失败。所以，土元的日常饲养必须认真、细致。对于初步从事土元养殖的人员，事前要先学习、参观，了解饲养土元的程序和关键技术、主要设施和用具，然后筹集资金，准备设施和用具以及饲料等必需物品。一切条件准备好以后，再着手引种，避免先把种引到家了，好多条件不具备，从而影响养殖效果。

一、土元生长发育的营养要素

土元的生长发育和繁殖与其他动物一样，需要蛋白质、脂肪、碳水化合物、维生素、矿物质等五大营养素。饲料中营养丰富、全价，能满足其各个生长时期的需要，生长发育就好；否则生长发育不良，生产受到损失。下面就土元对各种营养物质的需要做简要的介绍。

1. 蛋白质

蛋白质是一切生命的基础，是构成细胞的重要成分，是机体所有组织和器官构成的主要原料，是参与机体内物质代谢不可缺少的物质；蛋白质在代谢过程中也释放能量，也是动物体内热量来源之一。每1克蛋白质在动物体内氧化时，能产生17.16千焦的热量，所以说蛋白质也是土元生长发育和生殖必需的营养物质。蛋白质的营养价值实际上是构成蛋白质的氨基酸的含量，氨基酸种类多、动物体必需氨基酸全面、比例平衡，营养价值就高，否则营养价值就低。土元代谢所必需的氨基酸有丙氨酸、精氨酸、组氨酸、异亮氨酸、色氨酸、亮氨酸、赖氨酸、脯氨酸、丝氨酸、苏氨酸、缬氨酸等11种氨基酸。现将不同种类饲料中，土元所必需的氨基酸含量列表如下（表1、表2、表3）。

表1 动物性饲料中土元必需的氨基酸含量

饲料名称及样品说明	饲料中的含量（%）									
	苏氨酸	缬氨酸	异亮氨酸	亮氨酸	赖氨酸	组氨酸	精氨酸	色氨酸	总含量	粗蛋白质
蚕蛹（四川，桑蚕蛹）	2.41	2.97	2.37	3.78	3.66	1.29	2.86		19.34	56.0
鱼粉（浙江舟山）	2.22	2.29	2.23	3.85	3.64	0.82	3.02		18.07	55.1
家禽屠宰下脚料	1.79	2.39	1.69	3.09	3.29	0.90	3.56	0.29	16.0	49.5
蝇蛆粉（湖南）	1.92	2.18	2.08	3.92	3.37	0.99	2.03		15.49	47.2
蚯蚓粉（湖南）	1.66	1.97	1.34	3.70	2.77	0.87	2.91	0.40	14.62	38.0
土元干（浙江）	1.35	2.28	1.56	2.31	1.80	0.98	1.78		12.06	77.1
骨粉（生骨、脱水、粉碎）	0.53	0.71	0.54	0.87	0.95	0.20	1.79	0.07	5.63	22.9

表2 杂粮糟粕类饲料中土元必需的氨基酸含量

饲料名称	饲料中的含量（%）									
	赖氨酸	苏氨酸	异亮氨酸	亮氨酸	精氨酸	缬氨酸	组氨酸	色氨酸	总含量	粗蛋白质
玉米面筋蛋白粉	0.97	2.08	2.85	11.59	1.90	2.98	1.18	0.36	23.91	63.6
大豆粕	2.45	1.88	1.76	3.20	3.12	1.95	1.07	0.68	16.11	42.9
花生仁粕	1.40	1.11	1.25	2.50	4.88	1.36	0.88	0.45	13.83	50.0
棉籽粕	1.59	1.31	1.30	2.35	4.30	1.74	1.06	0.44	14.09	32.6
菜籽粕	1.30	1.49	1.29	2.34	1.83	1.74	0.86	0.43	11.28	40.5
豆腐渣（风干）	0.8	1.30	1.01	1.79	1.10	0.63	1.25		7.89	27.7

饲料名称	饲料中的含量（%）									
	赖氨酸	苏氨酸	异亮氨酸	亮氨酸	精氨酸	缬氨酸	组氨酸	色氨酸	总含量	粗蛋白质
马铃薯渣（风干）	0.13	1.44	1.08	1.58	1.30	0.54	1.22	0.42	7.71	
玉米蛋白粉	0.59	0.63	0.86	3.50	0.66	1.05	0.39		7.68	20.6
啤酒糟	0.72	0.81	1.18	1.08	0.98	1.66	0.51		6.94	28.0
苜蓿草粉	0.82	0.74	0.68	1.20	0.78	0.91	0.39	0.43	5.95	19.8
米糠	0.74	0.48	0.68	1.00	1.06	0.81	0.39	0.14	5.25	12.0
麦麸	0.58	0.43	0.46	0.81	0.97	0.63	0.39	0.20	4.47	14.5
小麦	0.30	0.33	0.44	0.80	0.58	0.56	0.27	0.15	3.43	12.6
高粱	0.18	0.26	0.35	1.08	0.33	0.44	0.18	0.08	2.90	8.0
玉米	0.24	0.30	0.25	0.93	0.39	0.38	0.21	0.07	2.77	9.6
甘薯干	0.16	0.18	0.17	0.26	0.16	0.27	0.08	0.05	1.33	4.8

表 3 青绿性饲料中土元必需的氨基酸含量

饲料名称及样品说明	饲料中的含量（%）									
	苏氨酸	缬氨酸	异亮氨酸	亮氨酸	赖氨酸	组氨酸	精氨酸	色氨酸	总含量	粗蛋白质
紫花苜蓿（吉林）	0.17	0.04	0.21	0.35	0.23	0.11	0.13		0.24	6.7
菠菜（四川,整株）	0.11	0.16	0.12	0.21	0.15	0.05	0.13	0.04	0.97	3.3
南瓜叶（四川,结瓜期）	0.10	0.14	0.11	0.19	0.13	0.05	0.15	0.05	0.92	3.4
玉米苗（四川，杂交玉米）	0.07	0.11	0.08	0.14	0.10	0.03	0.10	0.02	0.65	2.0
莴苣叶（湖南,全叶）	0.08	0.09	0.07	0.13	0.08	0.03	0.08	0.02	0.58	2.0

饲料名称及样品说明	饲料中的含量(%)									
	苏氨酸	缬氨酸	异亮氨酸	亮氨酸	赖氨酸	组氨酸	精氨酸	色氨酸	总含量	粗蛋白质
苋菜（吉林，中国圆苋菜）	0.05	0.10	0.08	0.15		0.03	0.05	0.08	0.57	2.1
甘蓝（四川，春莲花白）	0.07	0.08	0.06	0.11	0.08	0.03	0.07	0.02	0.52	1.6
胡萝卜秧（四川）	0.05	0.08	0.06	0.10	0.07	0.02	0.06	0.02	0.46	1.5
胡萝卜	0.07	0.09	0.07	0.11	0.06	0.02	0.06	0.02	0.50	1.8
大白菜（湖南，青麻叶）	0.06	0.08	0.05	0.08	0.08	0.02	0.05	0.01	0.43	1.8
萝卜	0.05	0.07	0.05	0.09	0.07	0.02	0.06	0.01	0.42	1.5
达菜（湖南）	0.04	0.06	0.04	0.07	0.04	0.02	0.05	0.01	0.33	1.5
槐树叶粉（北京）	0.74	0.89	0.72	1.33	0.87	0.30	0.91		5.76	14.4
榆树叶粉（吉林）	0.76	1.09	0.65	1.25	0.89	0.34	0.39		5.37	16.6
柳树叶粉（吉林）	0.35	1.06	0.79	0.67	0.67	0.26	0.80		4.60	14.2
泡桐叶粉（河南）	0.53	0.84	0.68	1.15	0.49	0.25	0.23		4.17	13.2

在土元的饲料中加入 10% 的蚯蚓粉，3 个月后测定，对照组 261 只成虫重量达 500 克，而加入蚯蚓粉的试验组 212 只成虫重量达 500 克，成虫比对照组增重明显。试验证明，成年雌虫所产卵鞘试验组也比对照组大，试验组万粒卵鞘重量达 670 克，对照组万粒卵鞘重量达 425 克，比对照组增重 245 克。这是由于动物性饲料蛋白质中氨基酸与植物性饲料蛋白质中氨基酸实现互补，提高了营养价值。

2. 脂肪

脂肪是土元体内不可缺少的营养物质，是土元细胞的重要组成成分，细胞核、细胞质都是由蛋白质和脂肪结合而成的复杂的脂蛋白组成的，一切组织均含有脂肪。脂肪含有大量的化学潜能，1 克脂肪在体内完全氧化可以释放出 38.93 千焦的热量，比同重量的蛋白质或碳水化合物高 1 倍以上。所以，脂肪是土元体内供给热量的重要物质，也是体内贮存能量的方式。在自然温度下，土元在秋天进入冬眠期之前食量增加，吸收的多余物质转化成脂肪贮存在体内，供冬眠期体内能量消耗的需要。同时脂肪是脂溶性维生素 A、维生素 D、维生素 E、维生素 K 的有机溶剂，这些维生素的吸收和在体内的运送都离不开脂肪。

土元体内所需要的脂肪是通过采食饲料中的脂肪、碳水化合物经消化转化而成的，不需要额外添加含脂肪高的饲料原料。而对于某些脂肪酸，如亚油酸和亚麻酸，土元不能自身合成，这就需要从饲料中获得，缺乏这些脂肪酸对土元的生殖会造成不良影响。

土元也不能合成甾醇类物质，故甾醇类也是必需的营养物质，主要有胆甾醇、脱二氢胆甾醇、麦角甾醇、β-谷甾醇和豆甾醇。在动物性饲料、杂粮、油料作物糟粕饲料原料中，这类物质含量均比较高，注意添加就不会出现缺乏现象。

土元常用饲料中各种营养物质含量见表 4。

表 4　部分土元常用饲料营养成分含量表（%）

营养成分 饲料名称	水分	粗蛋白质	粗脂肪	粗纤维	碳水化合物	粗灰分	钙	磷
牛粪(干)	13.9	8.2	1.0	57.1	13.8	6.0		
马粪(干)	10.9	3.5	2.3	26.5	43.3	13.5	0.07	0.03
小麦麸	10.9	14.5	4.6	9.1	55.5	6.6	0.10	1.26
大麦麸	9.1	11.8	3.4	6.5	66.6	2.6	0.04	0.30
玉米皮	9.8	7.3	17	28.2	43.8	1.0	0.50	0.71
米糠	10.0	10.5	23.3	7.3	38.7	10.2		
榆树叶(干)	4.8	28.0	2.3	11.6	43.3	10.0		
家杨叶(干)	8.5	25.1	2.9	19.3	33.0	11.2		0.40
洋槐叶(干)	5.2	23.0	3.4	11.8	49.2	7.4		0.28
紫穗槐叶(鲜)	75.7	9.1	4.3	5.4	2.7	2.8	0.80	0.40

营养成分 饲料名称	水分	粗蛋白质	粗脂肪	粗纤维	碳水化合物	粗灰分	钙	磷
马铃薯（鲜）	82.7	2.0	0.1	0.5	13.7	1.00		
甘薯（鲜）	73.8	2.0	0.6	0.5	22.8	0.30	0.08	0.06
西红柿（鲜）	94.0	0.6	0.3	0.4	4.3	0.40	0.08	0.04
西瓜皮（鲜）	96.7	0.4	0.1	0.7	1.7	0.40	0.02	0.01
红萝卜（鲜）	88.5	1.5	0.2	1.2	7.6	1.00		
南瓜（鲜）	84.5	1.9	0.7	1.4	10.5	1.00		
胡萝卜（鲜）	81.5	3.0	0.8	1.0	12.5	1.20	0.46	
甜菜（鲜）	87.5	2.2	0.7	1.3	7.4	1.1	0.11	0.05
玉米面	12.0	9.0	4.3	1.5	71.9	1.3	0.02	0.31
泥炭（干）	9.4	18.0	1.6	9.4	43.3	18.3		
麻酱渣（干）	9.8	39.2	5.4	9.8	17.0	18.8		
麻油下脚料（鲜）	66.4	15.9	2.5	4.3	7.2	3.7	0.55	0.52
豆腐渣（干）	8.5	25.6	13.7	16.3	32.0	3.9	0.52	0.33
豆饼	19.2	39.1	7.4	6.0	23.5	4.8		
鱼粉	3.2	50.8	15.5		6.9	23.6		
蚕蛹（干）	13.1	68.5	0.3		13.4	4.7	1.20	0.73
骨粉	4.8	22.8	7.9			53.8		
蚯蚓干粉		36.5	2.9	1.6	9.2	49.8		

3. 碳水化合物

土元体内各组织、器官的活动都要消耗能量，能量的来源主要靠饲料中淀粉消化后分解成的糖的氧化所供给。1 克糖在土元体内完全氧化可产生 17.16 千焦的热量。糖还是构成土元机体组织的原料，如五碳糖是核糖核酸的组成成分，核糖核酸又是细胞核的不可缺少的成分。一些糖还可以与蛋白质结合成糖蛋白、核蛋白等，也是组织的重要成分。糖在土元体内可以转化为脂肪贮存在体内，待体内需要时脂肪又可以转化为糖供代谢需要。

碳水化合物在谷物类、麦类、糠麸中以及植物块根、块茎（甘薯和马铃薯）中含量最丰富，这类饲料原料应占饲料量的50％以上。

4. 维生素

维生素是土元机体正常生活不可缺少的物质，对体内新陈代谢起重要作用。土元身体对维生素的需要量很少，但很重要，缺乏了就容易出现疾病。土元体内不会合成维生素，体内所需要的维生素必须从饲料中摄取，如果饲料中不注意搭配维生素含量高的原料或不重视添加维生素添加剂，土元体内缺乏维生素，则容易出现代谢失调、生长迟滞、发育不良、发生疾病甚至死亡。

土元体内所需要的维生素包括维生素A、维生素E、维生素C、维生素D和维生素B族等，大部分从青绿饲料和多汁饲料中获得。饲养土元要注意搭配青绿饲料和多汁饲料，这些饲料每天供给量应占日粮的20％～30％，除满足以上所述的维生素外，还要满足土元对胆碱、维生素B_{12}、肌醇、烟酸、泛酸、吡哆醇等的需要。

在饲养量大、青绿饲料不足，特别是北方地区缺乏青绿饲料的情况下，不能满足土元对维生素的需要，这时要在饲料中添加兽用复合维生素、酵母、畜禽用鱼肝油等，防止维生素缺乏造成生产受损。各种饲料维生素含量如表5。在饲养过程中掌握维生素供给量，不足时及时补加。

表5　部分土元常用饲料原料必需的维生素含量表

饲料名称及样品说明	维生素种类（毫克/千克）					
	硫氨素	核黄素	烟酸	泛酸	胆碱	总含量
大白菜(鲜大青口)	0.1	0.3	2.0			2.4
大白菜(鲜卷白菜)	0.2	0.7	8.2			9.1
甘蓝(鲜莲花白)	0.5	0.5	3.6			4.6
甘薯叶(嫩叶)	0.6	1.9	5.6			8.1
莙荙菜(鲜)	0.3	0.7	3.8			4.8
苦荬菜(鲜)	0.3	1.8	6.0			8.1
苜蓿(紫花苜蓿嫩茎叶)	0.3	3.6	9.0			12.9
马齿苋(鲜)	0.3	1.1	7.0			8.4
菠菜(鲜)	0.3	1.2	5.4			6.9
莴苣叶(鲜)	1.4	1.2	7.0			9.6
苋菜(鲜、绿苋菜)	0.3	1.0	7.0			8.3
胡萝卜	0.3	0.3	3.2			3.8
萝卜(白萝卜)	0.2	0.3	4.0			4.5
萝卜(红萝卜)	0.2	0.2	6.6			7.0
马铃薯	0.9	0.3	3.6			4.8
南瓜(老南瓜)	0.1	0.2	7.2			7.5
甘薯	10.4	0.3	4.4			15.1

饲料名称及样品说明	维生素种类（毫克/千克）					
	硫氨素	核黄素	烟酸	泛酸	胆碱	总含量
苜蓿（干）	3.9	15.5	54.6	32.6	16.4	123.0
高粱	3.9	1.2	42.7	11.0	67.8	736.8
小麦（白小麦）	4.7	1.3	50.2	8.6	1 166	1 230.8
玉米（黄玉米）	3.7	1.1	21.5	5.7	440	471.0
米糠	19.3	2.0	715.0	13.0	1 010	1 759.3
小麦麸	7.9	3.1	208.6	29.0	1 077	1 325.6
菜籽粕（浸提）	1.8	3.7	159.5	9.2	6 700	6 874.2
豆粕（浸提）	1.5	3.9	59.5	14.0	2 233	2 311.9
花生粕（浸提）	7.1	5.6	170.0	52.0	1 600	1 834.7
棉籽粕（浸提）	7.6	4.4	42.4	13.8	2 784	2 853.2
骨粉（蒸干）	0.4	0.9	4.2	2.4		7.9
家禽加工下脚科（干）		10.0	39.6	8.8	5 980	6 038.4
鱼粉（秘鲁）	0.7	4.9	55.1	8.8	2 867	2 936.5
酵母（人工酵母）	7.9	6.7	180.0	108.4	3 711	4 014.0

注：硫胺素为维生素 B_1、核黄素为维生素 B_2。

从表 5 中显示，土元必需维生素在青绿饲料中以甘蓝、甘薯叶、大白菜、莴苣叶、南瓜、苋菜、马齿苋中含量较多。在杂粮、油料饼粕中及动物性饲料中含量最高，如小麦、小麦麸、米糠、菜籽饼、豆粕、花生粕、棉子粕、鱼粉、家畜加工下脚料和酵母等。另外，维生素 B_{12} 在动物性饲料中，尤其在动物内脏中含量较高，在饲料配制时应注意这些饲料的添加量。

5. 矿物质

矿物质是土元生长发育不可缺少的物质。矿物质包括范围很广，并普遍存在于动物性和植物性饲料之中。维持土元正常营养所必需的矿物质有钠、钾、氯、钙、磷、硫、铁、镁等，这些称常量元素；还有需要量极其微小的元素，如铜、锌、碘、钴、锰等，这些称微量元素。土元体内对矿物质的吸收以及代谢过程，是和水的吸收与代谢密切相关的。矿物质虽然不是土元体内供给能量的物质，但确有特殊的生理意义，也是维持生命活动不可缺少的物质，一旦缺少了必需的矿物质，轻则引起疾病或生长迟滞，重则引起死亡。

土元特别需要微量元素锰、锌、铜、镁，下面把常用饲料的含量列表6。

表6　土元常用饲料中必需的微量元素含量表

饲料名称及样品说明	饲料中含量（毫克/千克）			
	铜	锰	锌	总含量
苦荬菜（吉林，现蕾期）	5.0	23.0	24.2	52.2
玉米（宁夏，抽穗期青割）	12.0	17.9	12.8	42.7
大白菜（吉林）	5.8	31.2		37.0
胡萝卜（河南）	6.4	12.3	17.0	35.7
南瓜（河南，鲜）	7.2	8.8	18.0	34.0
苜蓿（吉林，营养期）	5.8	13.7	8.5	18.0
苋菜（吉林，营养期）	1.1	21.6	4.8	27.5
马铃薯（北京）	7.4	5.0	14.1	26.5
马齿苋（吉林）	5.5	4.2	7.1	16.8
胡萝卜（吉林）	0.7	7.3	3.6	11.6
甘蓝外叶（宁夏）		4.2	2.9	7.1
甘蓝	1.3	2.9		4.2
石灰（吉林）	10.0	210.0	40.0	260.0
土元（浙江）	28.6	22.2	370.0	420.8
蚕蛹（河南）	26.0	22.0	150.0	198.0

饲料名称及样品说明	饲料中含量（毫克／千克）			
	铜	锰	锌	总含量
骨粉（北京）	21.0	10.0	140.0	171.0
鱼粉（浙江，舟山）	42.0	30.0	78.0	150.0
蚯蚓（浙江）	49.0	55.6	7.1	111.7
畜禽屠体下脚料，带骨脱水，粉碎	1.5	12.3		13.8
三叶草（宁夏，红三叶）	24.0	127.0	21.0	172.0
三叶草（宁夏，白三叶）	20.0	95.0	36.0	151.0
紫穗槐叶粉（宁夏）	15.0	75.0	21.0	111.0
槐叶粉（山东）	21.0	42.0	25.0	88.0
醋渣（宁夏，风干）	20.0	54.0	155.0	229.0
啤酒糟（吉林，风干）	42.5	70.1	101.1	213.7
小麦秸（宁夏）	3.1	36.0	54.0	93.1
甘薯藤（山东，风干）	13.0	35.0	35.0	83.0
玉米秸（吉林）	8.3	32.4	29.0	69.7
豆腐渣（长春，风干）	8.4	32.0	20.6	61.0
小麦麸（北京）	12.0	183.0	91.0	286.0
花生粕（浸提）	29.0	65.0	65.0	159.0
米糖（吉林）	3.5	87.5	67.4	158.4
豆粕（北京）	33.0	24.0	48.0	105.0
棉仁粕（浸提）	18.1	21.8	60.0	99.9
小麦（河南）	5.5	45.0	15.0	65.5
高粱（北京，杂交1号）	5.1	9.4	13.0	27.5

饲料名称及样品说明	饲料中含量（毫克／千克）			
	铜	锰	锌	总含量
玉米（北京）	4.2	6.4	16.0	26.6
甘薯干（河南，风干）	6.0	9.9	6.5	22.4

二、土元饲料的种类与营养评价

土元是杂食性昆虫，食性广，饲料来源也比较广泛，归纳起来有五大类，即精饲料、青绿饲料、多汁饲料、矿物质饲料。它们的营养价值差异很大，但是各有其重要性。

1. 饲料种类：

（1）精饲料　精饲料营养价值较高，是土元所需主要营养物质的来源，能供给土元蛋白质、脂肪和碳水化合物，是能量供给的主要部分。精饲料包括两大部分，即植物性饲料和动物性饲料。植物性饲料主要包括粮食、油料加工后的饼粕，如小麦、玉米、高粱、大麦、谷子、大豆、绿豆及各种饼粕等，还有麦麸、米糠等。植物性饲料喂土元时，如能炒半熟，略带香味，适口性更强，能引诱土元出土吃食。

动物性饲料如鱼粉、蚕蛹粉、蚯蚓粉、蝇蛆粉、骨肉粉等，以及厨房的肉类下脚料及动物杂渣骨头和鲜蚯蚓。主要供给土元动物性蛋白质，使动物蛋白分解的氨基酸与植物性蛋白质分解的氨基酸互补，提高饲料的营养价值。

（2）青绿饲料　包括各种蔬菜、鲜嫩野草、牧草、嫩树叶、农作物的茎叶等。如各种青菜、莴苣叶、白菜、南瓜叶、甘薯叶、豆叶；各种嫩青草、嫩树叶，如桑叶、榆树叶、紫穗槐叶、刺槐叶、嫩桐树叶等。这类饲料主要补充维生素。

（3）多汁饲料　主要有各种瓜类，含水分比较多，可以在夏天高温季节使用；还有桃、李、梨、苹果等次水果或果皮，胡萝卜、白萝卜、土豆等。

（4）矿物质饲料　骨粉、贝壳粉、石粉、蛋壳粉等。

2. 土元饲料的营养评价

土元饲料的营养素主要是蛋白质、脂肪、碳水化合物、维生素和矿物质五大类。碳水化合物主要是为土元提供能量物质。而蛋白质中氨基酸多少和必需氨基酸多少及比例，脂肪中亚油酸、亚麻酸、甾醇等含量多少，是决定其营养价值的物质。所以评价一种饲料原料就要知道其土元必需营养物质多少和对土元生长发育、生殖的作用。

（1）动物性饲料　动物性饲料营养价值最高，蛋白质中氨基酸齐全，且必需氨基酸齐全、比例适当，属全价饲料原料，在饲料配比中应注意添加。经试验研究证明，在土元饲料中适当添加动物性饲料，如鱼粉和蚯蚓粉等，不但生长迅速，若虫成熟期缩短，而且雌成虫繁殖率提高，产卵多，卵鞘大。

（2）杂粮、糟粕类饲料　在这类饲料中，以油料作物的饼粕类营养价值较高。这些饲料中蛋白质含量高。但是，蛋白质中氨基酸的比例没有动物性饲料平衡，与动物性饲料搭配使用，可以提高其营养价值。其次是糠、麸饲料，这些饲料可以作为精饲料添加。

（3）牧草、树叶类　这一类饲料蛋白质含量也较高，如牧草中的苜蓿干草粉、红三叶和白三叶的干草粉，蛋白质含量超过20%；树叶中的刺槐叶粉、榆树叶粉、桑树叶粉、杨树叶粉蛋白质含量也超过20%，都可以作为蛋白饲料向配合饲料添加。牧草、树叶容易获得、价格低廉，可以在土元饲料中应用，降低饲养成本。

（4）青绿饲料类　这些饲料蛋白质、脂肪、碳水化合物含量较低、水分含量高、维生素类含量高，是补充水分、维生素最好的饲料，应占日粮的20%～30%。

这类饲料容易获得，价格低廉，在中原地区和南方各地都可以常年使用。一般11月至翌年5月用各种青菜；5～11月用桑叶之类嫩树叶；4～5月、10月至翌年4月用莴苣叶；5～6月黄瓜上市量大的可以用黄瓜；7～12月可以用南瓜。只要合理安排，常年青绿饲料不断，且青饲料价格很低，饲养成本亦低，经济效益高。

（5）多汁饲料　鲜喂土元既可以补充水分，也可以满足土元对营养物质的需要，还可以补充一定的维生素。特别是胡萝卜中 β - 胡萝卜素含量丰富，此类物质是转化维生素 A 的主要物质，对满足土元维生素 A 起决定作用。

（6）酵母　酵母中含有丰富的土元必需的维生素，还含有丰富的蛋白质。在北方冬季青绿饲料不足的时候，可以在日粮中搭配酵母，既能补充部分蛋白质，又能补充维生素，以满足土元对维生素的需求。

（7）石灰　石灰中土元所需的微量元素含量丰富，因此，除在土元饲养土中加 1%～ 2% 的石灰外，还可以在日粮中添 1%～ 2%，以满足土元对微量元素的需求。石灰在土元饲料中还可以起到防腐和消毒作用。

三、土元的饲喂技术

土元饲养管理是土元生产过程中的重要部分。饲养管理科学，土元繁殖力高，生长发育良好，若虫缩短生长期，既可以提前收获，收回资金，又可节省饲料，降低饲养成本；如果饲养管理不好，土元群容易生病，死亡率高，生长发育缓慢，繁殖力也低，收获期延长，收获量小，经济效益差。所以，在引种以后应特别注意饲养管理工作。

1. 饲料的配制原则

（1）多种饲料搭配　一些单纯出卖土元种的人总会给你讲，土元饲料非常容易解决，就喂玉米面或麦麸就行了，目的是说服你引种。事实上，土元是杂食性昆虫，在野生情况下是吃多种食物，在人工饲养情况下，只有多种饲料搭配，营养才能全面、丰富，才能满足其生长发育、繁殖的需要，才能取得好的生产效果。

生产中对土元的喜食性进行了试验观察，发现土元首先取食的是动物性饲料，如鱼、肉的残渣、蚯蚓、蝇蛆等；其次是水果类，如苹果、梨、西红柿、南瓜等；再次是糠、麦麸、植物花；最后是采食蔬菜、牧草、嫩野草、嫩树叶等。所以对土元的饲料要进行配合，既要考虑土元的适口性，又要考虑其营养价值，既做到营养丰富而全面，还要考虑饲料价格必须低廉，降低饲养成本。

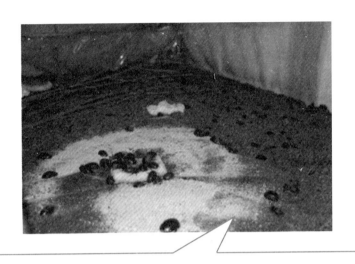

饲养土元主要饲料应以米糠、麦麸、牧草粉、鲜牧草、甘薯叶、瓜果之类为主，这类饲料适口性好、成本低，营养价值也不低。但是，还要搭配一些玉米粉、小麦麸、碎米以及鱼粉、蚕蛹粉、蚯蚓粉、蝇蛆粉等，结合搭配一些青绿饲料和多汁饲料。

（2）一般投饲饲料的调制　土元的饲料原料有一部分要经过加工，如谷物类、麦类、豆粕和其他油料的饼粕等，需粉碎；动物性饲料除鱼粉、蚕蛹粉、蚯蚓粉之外，生的必须煮熟；青饲料、多汁饲料、嫩野草等如果不洁净必须洗净方能利用。

饲料调制，首先应把粉碎的谷物类、麦类、油料饼粕类以及鱼粉、蚕蛹粉或煮熟粉碎的动物性饲料末混合均匀，再加入贝壳粉、骨粉、磷酸氢钙、酵母、食盐等按比例配制，混合均匀后制备成精饲料待用。

然后把青饲料、瓜果类、多汁类饲料清净、切碎或绞碎拌均匀后，再把已配制好的配合精饲料加入继续搅拌均匀，干湿度在握之成团、触之即散的程度。饲料的干湿度要根据饲养土的干湿度适当掌握。如果饲养土偏干，饲料可以偏湿一些；如果饲养土偏湿，饲料调制要干一些。饲料调制总的来讲不能过湿，过湿会成糊状，不适于土元咀嚼口器的取食，且容易粘在脚上，影响土元的活动。这样配制的饲料应当是当天配当天用，不能放置过久，特别是夏季应当时配当时用，早晨配的晚喂就容易酸败。

饲养土较湿的情况下饲料应调干一些，对这种湿度的饲料尽量用青绿饲料、多汁饲料的水分调制饲料的湿度，不再加水分。精饲料中的豆饼粉、玉米粉、麦麸等最好在锅中炒到半熟、透出香味时为止，这样一方面可以杀菌杀虫，另一方面适口性强，但不要炒焦，否则会破坏饲料中的营养成分。瓜果类饲料要洗净擦成丝状或切成薄片状，以方便土元取食。

（3）商品饲料加工　土元饲养历史不长，且多为小规模分散饲养，所以商品饲料出售的不多。随着农村集中连片区域性饲养或规模饲养，土元商品饲料开发是很有前景的加工业。商品饲料加工是人们用各种饲料原料、化学物质、防腐剂、水和填充物等多种原料混合后，再经机械加工成便于土元取食的细粒状或细片状成品饲料。这类饲料的特点是：营养丰富、营养物质全面、平衡，能促进土元正常生长发育，简化现用现配饲料的工作量。

土元商品饲料配制和加工应具备以下基本要求：

要有良好的物理性状，便于保存和投饲：即在饲料结构上，要根据土元消化器官的特点，在饲料中加入适量纤维素，增加饲料的粗糙程度，能顺利地通过肠道；其硬度要适应土元咀嚼式口器的要求，也就是说能咬得动；土元喜食偏硬的饲料，加入凝固剂要适当多一些，使饲料一则便于保存，二则适于其咀嚼。所有的饲料成分要搅拌得均匀一致，为适应其口器的啃咬要把饲料加工成薄片状或细粒状。

要能有诱食的作用和刺激其食欲的作用：土元也喜食香东西，饲料中可以加入有香味的诱食剂，可以招引土元很快找到饲料，并有食欲。

饲料营养要全面：各种营养物质要平衡，使之能满足每个生长时期的营养需要。营养平衡关系到土元各虫态能否正常发育，成熟后能否正常繁殖等，因此配制商品饲料时必须注意添加土元生长的必需物质，如必需氨基酸或含必需氨基酸丰富的蛋白质、亚油酸、亚麻酸、维生素、微量元素等。土元比较喜食米糠、麦麸、含蛋白质的腐殖质，为了保证商品饲料的体积，可以把这类原料作为饲料填充物。在饲料中还可以加入南瓜粉等。土元在自然环境中所需要的营养素，加工商品饲料时都应添加，这样才能保证每个时期的营养需要。

饲料在有效保存期内不霉变、不酸败：在加工商品饲料时，必须加入有效量的防腐剂和抗氧化剂。这些药品在饲料中用量极少，但它们作用很大。防腐剂有山梨酸、山梨酸钾等，用量在 $0.2\% \sim 0.3\%$；抗氧化剂有丁基羟基茴香醚、二丁基羟基甲苯、没食子酸丙酯等，用量均在 $0.1\% \sim 0.2\%$。

2. 饲料的配制方法

土元饲料配方也分为两大类，一类为农户小规模饲养时就地取材、现用现配的配方；另一类为适于规模饲养或区域规模饲养的商品饲料加工配方。

（1）农户用饲料配方　玉米粉50%、豆饼粉10%、骨粉5%、鱼粉（或肉骨粉）5%、麦麸25%、牧草粉或南瓜粉5%。其中鱼粉可以用肉骨粉、蚕蛹粉、蚯蚓粉、蝇蛆粉等代替，麦麸可用牧草粉、甘薯叶粉、马铃薯秧粉等代替。

上述配制的饲料使用时，加水适量，搅拌均匀，以用手握成团，松手触之即散为度，现用现配，拌水后及时投喂，不能放置很久。

（2）鸡粪代替粮食的土元饲料配方　鸡粪（干粉）50%、米糠20%、骨粉5%、鱼粉5%、麦麸10%、苜蓿草粉10%。

鸡粪要加工处理，其方法是将鸡粪收集起来，除去杂质，按50%鸡粪、30%糠麸，加入适量水（握之成团，指缝有水，但不流出），装入池或缸内压实，用塑料薄膜封口，再用泥糊封严，发酵5天左右，取出晒干、粉碎、过筛备用。发酵后的鸡粪形如黄酱块，颜色黄里带绿，并带有酒香味。

喂养 $1 \sim 4$ 龄幼若虫时，在精饲料中加鸡粪20%；喂5龄以上的若虫时，可完全用鸡粪饲料配方。经试验证明，用鸡粪饲料配方喂土元，能完全满足其生长发育的物质需要，不影响生长速度和产品质量。农产可以结合养鸡饲养土元，能大大提高养鸡的综合效益。

（3）动物性饲料开发　土元饲料中需要加入一定比例的动物性饲料，方能达到营养物质平衡，才能满足其各时期营养需要。而动物性饲料价格较高，完全购买要加大饲养成本，所以小规模养殖可以自行开发动物性饲料，既满足土元的营养需要，又可以降低饲养成本。收集动物性饲料有以下几种方法：

畜禽下脚料：收集后洗净，煮熟，剁碎，烘干或晒干，粉碎后备用。

收集昆虫：可用黑炽灯诱捕昆虫。其方法是在村口或地头架起一黑炽灯，灯下放一大漏斗，漏斗下面连一布袋，天黑后打开黑炽灯，有些夜出的昆虫如蟋蟀、蝼蛄及各种飞虫向光源飞来，撞在灯泡上就落在漏斗中，掉进布袋。收集到的昆虫用开水烫死，晒干打成粉，可以代替鱼粉或肉骨粉。

饲养蚯蚓：可以结合养鸡、养奶牛、养猪等进行养蚯蚓，可把蚯蚓烫死晒干，加工成蚯蚓粉备用。

（4）商品饲料配方　商品型饲料要求配方科学、营养丰富、搭配合理、便于保存、便于运输和销售。参考配方如下：

配方一：小麦麸43%，玉米粉38.6%，干面包酵母4.3%，琼脂2.1%，蔗糖3%，干菜叶粉或牧草粉9%，抗坏血酸（维生素C）0.5克。

琼脂经水煮溶解后冷却至40℃左右，加入麦麸、玉米粉、酵母、蔗糖、菜粉或牧草粉，最后加入维生素C搅拌均匀，将要凝固时把它制成薄细片，然后用不超过50℃的温度烘干。

配方二：玉米粉20%，麦麸20%，米糠10%，豆饼10%，蚕蛹粉或蚯蚓粉10%，南瓜粉10%，牧草粉10%，油下脚料2%，骨粉2%，贝壳粉3%，酵母粉2%，畜禽用鱼肝油1%。

（5）不同时期土元的饲料配方　土元不同时期采食情况、食量和营养需要各不相同，应根据其营养需要配制不同营养水平的饲料。一般来讲，幼龄若虫喜食麦麸和米糠，给幼龄虫配制饲料时，麦麸、米糠的比例偏大一些；产卵的成虫需要较高的营养水平，调配饲料时蛋白饲料原料比例要大些，保持较高的产卵量。本书将不同时期的土元饲料配方列表7，供饲养户参考。

表7　不同龄期土元的饲料配方（%）

饲料种类 / 虫龄	玉米	大麦	碎米	麦麸	米糠	豆饼	鱼粉或蚕蛹粉	南瓜	青饲料	鸡粪	油下脚料	骨粉	贝壳粉	磷酸氢钙	酵母粉	畜禽用鱼肝油
1龄若虫				35	35	8	5	4	10				2		1	
2～3龄若虫	6	5		15	15	8	5	20		20		2	1	1	1	1
4～6龄若虫	6	5	5	18	17	7	3	20	13		0.6	1	2	0.8	1	0.6
7～9龄若虫	5	5	5	20	10	7	3	20	15		0.8	1.5	2.5	1	1.4	0.8

饲料种类 虫龄	玉米	大麦	碎米	麦麸	米糠	豆饼	鱼粉或蚕蛹粉	南瓜	青饲料	鸡粪	油下脚料	骨粉	贝壳粉	磷酸氢钙	酵母粉	畜禽用鱼肝油
10～11龄若虫	7	6		25	15	10	5	15	8.5		1	1.5	2.5	1	1.5	1
产卵成虫	6	6		20	18	10	10	10	10		1.2	1.5	3	1.5	1.6	1.2

3. 饲料的投喂方法

虫龄不同，季节和发育阶段不同，觅食方法、觅食时间和觅食量各不相同。所以给其投食方法也不相同。

（1）投食方法 1～4龄若虫体小，活动力弱，一般不出土觅食，而是在饲养土的表层觅食，而且多集中在饲养池的边缘。投食方法是，将饲料撒布在饲养土的表面，并在饲养池的四周边缘多撒一些，撒完后用手指插入饲养土2厘米左右，来回耙2次，使饲料混入表层饲养土中，便于幼龄若虫取食。幼龄若虫取食青饲料的能力不强，可以少喂青饲料。

5龄以上的若虫都能出土觅食，为了使若虫出土觅食时不把泥土带到饲料盘内污染饲料，造成浪费，可以在饲养土表层撒一层经过发酵腐熟后又晒干了的稻壳。将食物放在饲料盘内，饲料盘放在稻壳上，当若虫出土觅食时经过稻壳层，可将虫体上所粘的土清除掉，虫爬到食盘上吃食时，不会把土带到盘里，可以保持盘里清洁。

（2）投喂数量 每天喂饲次数应根据季节的变化灵活掌握，不能一成不变。一般来讲，低温的月份每2天投1次饲料，高温的月份每天投喂1～2次，这是因为除了低温天气饲料不容易变质、高温天气饲料容易变质以外，更重要的是低温时土元代谢水平低、食量小；高温天气土元代谢旺盛，食量大。

饲料投放量应根据气温高低和饲养密度的大小决定。一般来讲，气温高的时期每天投饲量应相对比气温低的时期要多；气温低的时期每天投饲量应比气温高时要少。另外，每天投饲量还要根据饲养密度而定，饲养密度大的饲料消耗多，每天应多投一些；密度小的饲料消耗少，每天应少投一些。究竟每天投饲多少应根据饲料消耗而定，原则上掌握"精料吃完、青料有余"，既要若虫吃饱，又不要浪费。土元若虫每次脱皮前后食量减少，蜕皮期间完全停食，投食时也应掌握这一规律。

每日投饲量多少也应按万只虫数计算。表 8 为万只虫不同月龄不同种类饲料的投饲量，可以在生产实践中参考。

表 8　土元万只虫体饲料搭配量

若虫月龄	饲料种类		
	米糠（千克）	青饲料（千克）	残渣（千克）
1 月龄	0.25	0.50	0.25
2 月龄	0.50	2.0	1.00
3 月龄	1.25	4.00	2.50
4 月龄	2.00	6.00	4.00
5 月龄	3.00	8.00	6.50
6 月龄	4.00	12.00	8.00
7 月龄	5.00	16.00	11.50
8 月龄	7.00	20.00	17.00
合　计	23.00	68.50	50.75

1 千克卵鞘有 2 万粒左右，可以孵化出幼若虫 16 万只左右，由刚孵出的若虫到商品虫（12 万只）需要的饲料量如表 9 所示。

表 9　千克卵鞘孵出的幼虫至商品虫所消耗的饲料（千克）

若虫月龄 \ 饲料种类	麦麸或米糠	青饲料或瓜果皮	酵母粉	添加剂
1	0.14	0.8	0.03	0.014
2	0.6	1.6	0.12	0.06
3	1.4	4.8	0.28	0.14
4	2.6	9	0.52	0.26

饲料种类\若虫月龄	麦麸或米糠	青饲料或瓜果皮	酵母粉	添加剂
5	3.6	14	0.72	0.36
6	5.4	20	1.08	0.54
7	7.4	30	1.48	0.74
8	11.2	40	2.24	1.12
9	13.2	50	2.64	1.32
合 计	45.54	170.2	9.11	4.55

表 9 中酵母粉为畜禽用酵母粉；添加剂为土元专用活性添加剂；5 个月龄后可以加入少量动物性饲料。

四、土元的饲养密度

土元在饲养土中群居生活，饲养密度可以大一些，但也不能太密，密度太高时由于饲养土中缺氧、排便过多会使生存环境恶化，管理跟不上去就会发生疾病，出现死亡；另外，密度过大时，由于饲料不足会出现争食现象，土元还有食害同类若虫或吞食卵鞘的现象。所以，土元放养密度要合理，既要充分利用饲养池，又不能密度大。

1. 土元虫龄、虫型划分

在土元饲养过程中，为了方便管理，通常把刚孵出的幼虫到成虫共划分为 5 个类型或称 5 个阶段。

第一阶段，芝麻形（图 52）：指刚孵出的幼龄若虫。体形小，体色白，形似芝麻，虫龄期为 1 龄若虫。

第二阶段，绿豆形（图 53）：指虫体似绿豆大小。从芝麻大小长到绿豆大小需要 1 个月左右的时间，虫龄为 2～3 龄若虫。

第三阶段，黄豆形（图 54）：指虫体似黄豆大小。从绿豆大小的虫体长到黄豆大小的虫体需要 2～3 个月，虫龄为 4～6 龄的若虫。

第四阶段，蚕豆形（图 55）：指虫体似蚕豆大。从黄豆形虫体长至蚕豆形虫体约需 2 个月，虫龄为 7 ～ 9 龄若虫。

第五阶段，拇指形（图 56）：即为成虫，似拇指大小，体长 3 ～ 3.5 厘米。从蚕豆形虫体长至拇指形虫体需 2 ～ 3 个月，虫龄为 10 龄以上。

图 52　芝麻形

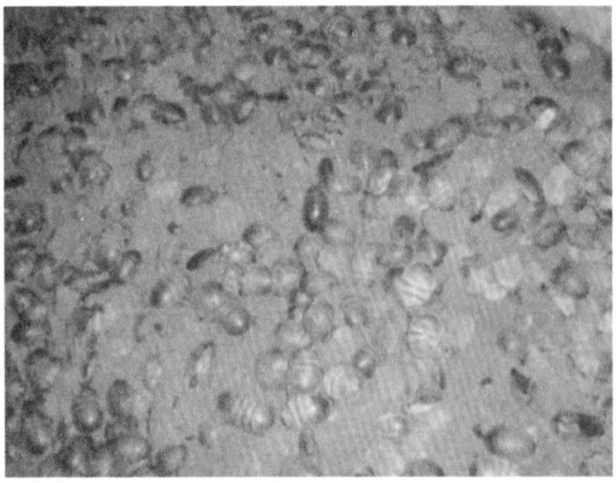

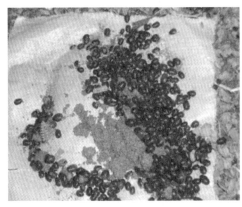

图 54　黄豆形

图 53　绿豆形

图 55　蚕豆形

图 56　拇指形

2. 土元的饲养密度与产量

土元饲养密度与产量的关系不是恒定的线性关系，随着饲养条件和饲养管理水平的不同而差异很大，在生产过程中饲养户或饲养场应创造良好的饲养条件，不断提高饲养管理水平，尽量提高生产效率，争取最好的经济效益。

（1）最佳饲养密度与产量　生产上最佳饲养密度与产量如表10。

表10　土元1千克卵鞘各龄期虫口数和所需饲养池面积

虫形	饲养土厚度（厘米）	饲养面积（米²）	虫口数量（万只）	每平方米极限重（千克）
芝麻形	7	1	18.00	1
绿豆形	7	2	16.00	2.5～3
黄豆形	9	4	14	9～10
蚕豆形	15	8	13	11.5～13
成虫	18	12	12	30

每千克活成虫500～600只，12万只成虫如都做商品处理，可以收获活土元200～240千克，鲜活土元加工成干品，出品率为45%，即可以获商品土元90～108千克。

（2）一般饲养管理条件下的饲养密度与产量　在生产实践中，由于许多原因，实际产量与最佳的产量可能有一定的差距。只要在饲养前做好充分准备，并努力学习饲养管理技术，这一差距就能缩小，就可以取得较好的经济效益。一般饲养管理条件下，1千克卵鞘所孵出的幼虫及各虫型期成活数和产量如表11所示。

表11　1千克卵鞘一般饲养管理条件下各虫形期

虫形	饲养土厚度（厘米）	饲养面积（米²）	虫口数量（万只）
芝麻形	7	1	18
绿豆形	7	2	16
黄豆形	9	4	12
蚕豆形	15	6～7	8～10
成虫	18	8	6

专题五
土元的人工管理技术

专题提示

　　土元饲养管理是十分重要的，是生产成败的关键环节。科学地饲养和管理能提高土元的繁殖率、促进生长、缩短饲养期，提高产量，降低饲养成本，能提高饲养土元的综合效益；否则，可能造成生产失败，最终造成经济损失。

一、土元的养殖环境管理技术

　　科学的管理主要是给土元创造适宜的环境，满足其对环境因素的要求，而不是让它适应饲养者固有的条件。在野生条件下，土元可以迁徙，即这一个小环境不适宜它生长和繁殖的要求时，它可以迁到其他地方去生活；而在人工饲养条件下，饲养密度很大，并且有防逃设施，如果环境条件不适宜，就只有等待死亡来临。所以，管理就是研究如何为土元创造近似野生的生活环境。

　　1. 饲养室空气环境

　　饲养室内空气要经常保持新鲜。在夏、春、秋季要每天打开门窗通风换气，保持室内空气新鲜。如果比较干燥的天气，开窗通风换气会降低饲养室的湿度，对土元生长发育不利，这时可以适当增加饲养土的湿度，或者随时关注饲养土的湿度，发现饲养土表层湿度降低，应马上洒水增加一些湿度；或者在饲养土上覆盖一些含水量大的菜叶，也可以降低饲养土表层水分蒸发。

冬季气温偏低的情况下，仍然要每天通风换气。解决的办法是：每天中午 12 时至下午 4 时，当室外温度偏高的时候，室内要加温提高温度，当室内温度提高到比通常控制的温度高 2～3℃时，可以打开窗户通风换气，或用排风扇换气，直到室内温度降到通常控制的温度或低于通常控制的温度 1～2℃ 时，就停止换气，使室内温度尽快恢复到通常控制的温度。

2. 饲养室和饲养土温、湿度管理

土元生长发育和繁殖有临界温、湿度和最适宜的温、湿度，在临界温、湿度内都能正常生长发育和生殖。

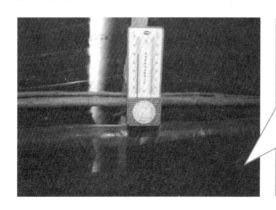

土元生长发育的最适温度为 25～32℃，在这一温度范围内土元食欲旺盛、食量增大、生长迅速。饲养土的相对湿度为 15%～20%，室内空间的相对湿度为 70%～80%。

在人工饲养条件下温、湿度控制如表 12，供饲养者参考。

表 12　人工饲养条件下土元环境温、湿度控制表

虫期 温、湿度	温度(℃)	饲养土湿度(%)	室内控制湿度(%)
孵卵期	28 ~ 30	20	80
幼若虫期	28 ~ 32	15	80
中若虫期	28 ~ 32	20	75
成虫期	25 ~ 28	18	70

3. 饲养土厚度控制

饲养土是土元居住的环境，除了科学配制以外，还要按虫龄控制其深度。幼龄土元，由于个体小，力量很小，多生活在饲养土的表层，不会往饲养土的深层钻，所以饲养土的厚度相对薄一些；相反，成虫个体大，有能力钻土，加上有避光的特性，所以习惯往深层钻，因此饲养土层要厚一些。另外，土层是容纳土元的地方，土层厚容纳土元数量多。成虫体形大、吃食多、消耗氧气和水分多，占据的空间也大，所以土层要厚。

　　在人工饲养条件下，土元饲养土层厚度控制在幼虫期 5 ~ 8 厘米，中虫期 8 ~ 12 厘米，成虫期 12 ~ 15 厘米。夏季，中、成虫的饲养土还可以再厚一些，因土层的底层和表层温度有差异，底层温度偏低，天热时它可以往底层钻。

4. 室内卫生管理

室内卫生很重要，清洁卫生的环境病原微生物没有滋生的场所，可以减少疾病的发生；而污秽的环境再加之室内湿度过大，病原微生物就有滋生的条件，土元容易发生疾病。所以，土元饲养室要每天打扫卫生一次，保持室内清洁卫生，不仅饲养员进饲养室有清新的感觉，而且不给病原微生物有滋生之地。

饲养池内也要经常保持清洁，饲养土表面掉的饲料要刮除，否则时间长了会发霉变质，污染池内饲养土，使土元生活环境恶化；饲养池内投放的青绿饲料，到一定时间吃不完时也要及时捡出，不然时间长了，这些菜叶、嫩树叶和多汁饲料等会腐败变质，土元吃了这样的青绿饲料会发生胃肠疾病；腐败的青饲料会污染饲养池，造成病原微生物滋生，也能导致土元发病。

除保持饲养室、饲养池清洁卫生以外，饲养用具也要注意保持清洁卫生。饲喂盆每天要清理 1 次剩食，冬季每周消毒 1 次，夏季每天清洗 1 次，每 2 天用 0.2%高锰酸钾溶液浸泡消毒 1 次，消灭残留的病原微生物。

饲养室要建立严密的清洁卫生制度，室内每天要认真清扫 1 次；剩下的残食、剩菜叶清除时要先收集到盆内，然后倒在垃圾堆里，不许丢在墙角或走道上；冬天每周要用高锰酸钾溶液（0.2%）洗食盘 1 次，用 2%火碱地面消毒 1 次，夏天每 2 天消毒 1 次。

二、土元的分级管理技术

同一批孵化出的若虫，由于体质强弱的差异、在饲养池所处位置的差异及食欲的差异等原因，从幼龄若虫到成虫的发育过程中，其体型能差 1～4 个龄期，即使设法改善各种条件也不能达到发育一致；有的饲养者不懂土元的一些特性，把幼龄若虫、中龄若虫、成虫等混养在一个池中，由于密度过大、饲料供给不足、温湿度不适或缺少营养等原因，常会出现大虫吃小虫、强虫吃弱虫、成虫吃虫卵等现象，给生产带来损失。所以土元分级管理是饲养管理中的一个重要环节。

分级管理可以根据虫龄、虫形铺设饲养土，投喂不同营养水平的饲料，有利于其生长发育。一般来讲，1～3 龄若虫栖息在 3 厘米深的饲养土中，4～5 龄若虫栖息在 3～6 厘米深的饲养土中，6～8 龄若虫栖息在 6～9 厘米深的饲养土中，9～11 龄的老龄若虫栖息在 9～12 厘米深的饲养土中，成虫栖息在 12 厘米左右的饲养土中，可以根据土元这一特性分级铺设饲养土的深度。

土元分级管理，一般可以分 4 个档次，即幼龄若虫池、中龄若虫池、老龄若虫池、成虫饲养池，不同档次的饲养池铺设不同深度的饲养土，实行不同的管理方法。

1. 幼龄若虫的管理

幼龄若虫是指 1～3 龄期的若虫，即从芝麻形的幼虫长至绿豆形的若虫。刚从卵中孵出的幼龄若虫形似芝麻，体白色，虽然很活跃，但是其活动、觅食、抗异能力最差，是土元饲养过程中最难管理的阶段。它既不能栖息在较深的饲养土中，又不能吃一般的饲料。试验证明，刚孵化出的幼龄若虫不吃食，也没有取食青饲料的能力，所以在疏松、肥沃的饲养土中不需要喂饲料就能维持体能蜕 1～2 次皮，这可能是从卵中孵化出来后包在体内未消耗完的卵黄继续消耗而释放出的能量维持体能。所以这时给其准备的饲养土应细，腐殖质含量应丰富，湿度适中，土质疏松。可用塑料箱、塑料盆、陶瓷钵等小型器皿作饲养容器，饲养土铺 6～7 厘米厚，在饲养土的表层撒一些米糠、麦麸等精饲料，用手指耙入饲养土表层，让其练习吃食。

幼虫经过 1 次蜕皮后，已经有了取食能力，但是咀嚼式口器很弱，为了便于其生长发育，要投给它们喜欢吃的麦麸、米糠，还要给它投一些植物花，如角瓜、南瓜等的雄花，因为这些植物的嫩花营养丰富、香味诱人、适口性强、易消化。饲喂的方法是把这些嫩花切碎与麦麸或细米糠拌在一起撒在饲养土表层。投喂前将麦麸、米糠炒半熟增加香味，激发幼虫食欲。

2龄后幼龄若虫长到绿豆大小，吃食能力已较强，且生长发育需要较多的营养物质，所以应增加精饲料的喂量。这时的幼虫白天出来觅食，可根据这一习性，白天要少量、多次地投给一些饲料，满足其需要。

2龄以后的饲养管理应做好以下几方面的工作：

精饲料中要加鱼粉或蚕蛹粉、蚯蚓粉等动物性饲料，并加入一些畜禽生长素、酵母等添加剂，以促进其生长发育。也可以加入一些土霉素粉防止疾病发生，加入量为精饲料重量的0.02%。

白天投饲后要进行遮阳，以利幼虫出外吃食。幼虫虽然习惯白天出外觅食，但仍然怕强光，所以投饲后遮阳造成阴暗环境，便于其出土觅食。

每2天清除一次饲养池（盆、箱、钵）中饲养土表层的剩余饲料，以免霉变污染饲养土，使虫体发生疾病。清除剩料的方法是白天揭开饲养池（盆、钵、箱）上的遮阳物，透进强光。由于幼若虫怕强光就往饲养土中钻，经过1～2小时方能刮取表层带饲料残渣的土。刮取土表层也不能深，因为这时的幼虫入土深度只有3厘米左右，刮的深了会把土元幼虫一起刮走。

饲养密度。刚孵出的幼若虫18万只／米^2，2～3龄达到绿豆形的若虫8万只／米^2。

要注意防螨、防蚁害，一旦发现，应立即采取措施予以清除。

2. 中龄若虫的管理

中龄若虫是指 4～7 龄的幼虫，生长期已达 3 个月左右，经过 2 次以上的蜕皮；由绿豆形若虫长为黄豆形若虫。随着虫体长大，活动能力增强，食量逐渐增加，抗异能力提高，对饲料的适应性愈来愈强。这时的饲养管理要做好以下几方面工作：

中龄若虫的管理要做好饲料搭配、饲养方法、饲养密度控制和饲养室温度、湿度控制工作。

（1）做好饲料搭配工作　中龄若虫是虫体生长发育最快的时期，食欲旺盛，对饲料的适应性也已增强。此期在饲料搭配上要适当增加青绿饲料和多汁饲料的比例，适当减少精饲料的用量。但是，为了保证此期若虫生长发育对营养的需要，饲料中蛋白质含量不能低于 16%。随着幼虫对食物适应性增强，在保证蛋白质含量不低于 16% 的前提下，要做到饲料多样化，以利于饲料中营养物质的互补，并增加钙、磷含量，满足其生长和蜕皮的需要。

为了增加此期若虫的食欲，便于采食青饲料和多汁饲料，在饲料中要加喂一些麦芽粉和酵母粉；为保证蛋白质含量不低于 16%，可以在饲料中添加动物性饲料。

（2）改用饲料盘饲喂　中龄以上的若虫均出土觅食，可改变幼龄若虫撒在饲养土表层那种喂饲方式，改用饲料盘饲喂。这种饲喂方法不污染饲养土，比较卫生。具体做法是，在饲养土表层撒一层经发酵过的稻壳，厚度3～4厘米，然后将撒有饲料的食盘或木板放在稻壳上，土元从饲养土中钻出经过稻壳后，可把身上带的土擦掉，吃食时不会落在饲料盘中，能保持饲料卫生。再加上饲料盘经常清洗，可大大降低土元的发病率。

中龄若虫喂饲次数随季节变化而不同。在不加温饲养的情况下，4～5月、10～11月气温偏低时，可2天喂饲1次；6～9月气温高的情况下，每天喂饲1次。饲喂量与气温有密切关系，气温高时每次投饲量要多一些，气温低时每次投饲量要少一些。每次投饲量要根据饲料盘上饲料剩余情况来定，每次投饲前饲料盘内饲料都被吃完，说明土元食欲旺盛或投饲量不足，可以在下次投饲时多投一些；如果每次投饲前盘内都有剩余的饲料，说明投饲量过大，下一次投饲时可以少投一些；如果每次投饲前检查饲料盘内的饲料基本吃完略有剩余，说明投饲量正合适，下次投饲还投这么多。

饲料配方要相对稳定，特别是主料不能随时改变。如果需改变饲料配方，也不能突然改变其主要原料，应采取逐渐过渡的方法，5～7天改变过来，这样不会影响土元的食欲。

饲料要做好干湿搭配，如果大规模饲养，使用购买的商品饲料，饲料中含水分就少，这时要多投一些青绿饲料和多汁饲料，可以给土元补充水分。

(3)控制好饲养密度　一般来讲，土元若虫从刚孵化出到6龄期，每蜕皮1次虫体增加1倍，蜕皮4～5次长到黄豆形若虫时，身体增加15～20倍，这就要不断分池，避免因密度过大生长发育受到影响，甚至出现自相残食现象。密度过高还能使饲养池中温度升高，而引起虫体失水而死亡，造成不必要的经济损失。生产实践证明，黄豆形若虫饲养密度一般为3万只/米^2，饲养土厚度为10～12厘米。

(4)控制好温、湿度　中龄若虫是生长发育最快的时期，温湿度对其生长发育有直接影响。一般来讲，日平均气温在18℃以下时，土元食量明显下降，生长速度缓慢；饲养土湿度小时土元体内水分散失得快，体内水分不足也影响生长发育。因此，中龄若虫饲养室温度应稳定在28～32℃，饲养土湿度应在20%，室内空间湿度应在75%左右。湿度不足，中午应注意关窗，或喷水；湿度过大时，可开窗通风换气，降低湿度。

3. 老龄若虫的管理

老龄若虫即是指 8 ～ 11 龄的虫体，从时间上已经有 5 个月以上，体形已从黄豆形长到蚕豆形。老龄若虫是中龄若虫生长发育而成的，从外部形态看没有大的变化，所以饲养管理方式方法基本相同。但是，从生理上讲，老龄若虫已进入生殖系统发育迅速阶段，是若虫发育为成虫的过渡阶段。由于生理上的变化，需要营养水平比较高，即饲料中的蛋白质、维生素的含量需要增加，粗饲料应该减少。这一段时间给予充足营养，不仅能缩短饲养期，减少同类互相残食，提高产量，降低饲养成本，同时也能为提高产卵量和卵的质量打好基础。

土元若虫进入 9 龄时期，雄虫日渐成熟，这时继续饲养不仅增加饲养成本，同时会降低雄虫的药用功能。于是这一阶段的工作是从雄若虫中选出一部分加工处理作中药出售。自然状态下雄虫占总若虫群体的 35% 左右，选留多少雄虫留种是根据雌虫的留种数来决定的，留的比例大了浪费饲料，且减少药用数量，降低了经济效益；留的比例少了，影响雌虫的交配受精。生产实践证明，留种的雌、雄虫的比例应为 4 : 1。即准备留 1 万只种虫，那么雌虫应留 8 000 只，雄虫应留 2 000 只。多余的雄虫 9 龄后立即捡出处理；多余的雌虫再饲养一段时间后当达到 11 龄再做处理，这时的虫体又大一些，每千克虫数减少一些。

随着虫体的长大饲养密度要减少，此期的若虫每平方米饲养池应投放 1.4 万只左右。随着虫体的增大，进食量也增加，池内饲养土表面会积一层虫粪，在气温高、湿度大的情况下易发热变臭，甚至由于污秽会产生虱、螨及流行病害，严重影响老龄若虫的健康，因此要定期清除。其方法是，待其蜕皮后，将表层 0.5 厘米以内的虫粪、饲养土一起刮除，并随时补充一些新配制的饲养土。经过这样的几次处理，能使饲养池保持清洁卫生，对若虫的健康有利。但是饲养土的厚度要经常保持 10 ～ 15 厘米。

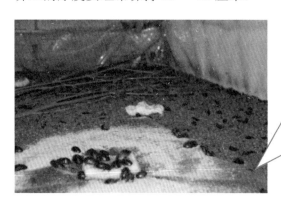

随着虫体的长大饲养密度要减少，此期的若虫每平方米饲养池应投放 1.4 万只左右。

4. 成虫的饲养管理

由于个体的差异，在同样的饲养管理条件下，土元的老龄若虫进入成虫期也有先有后，往往有的进入成虫期已经产卵了，但有的老龄若虫还未蜕最后一次皮。此时的老龄若虫与成虫外部形态基本相似，如不认真分拣，分出成虫另池饲养，少量雌成虫产的卵鞘就会被老龄若虫吃掉。这时饲养管理的重要任务是把雌成虫捡出，转移到另一成虫池饲养，这样可以减少卵的损失率。

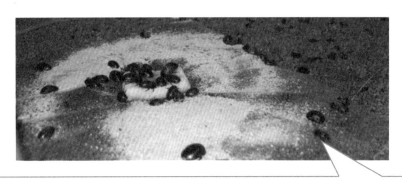

当老龄若虫完成最后1次蜕皮后，无论雌虫或是雄虫，都具有生殖能力，这时就进入了成虫期。除留足种虫外，多余的成虫应分批采收，加工待售。

成虫期由于繁殖需要消耗大量能量，因此要投给以米糠、麦麸为主的精饲料，适当添加一些动物性饲料，补充动物性蛋白质，再提高油料加工的下脚料饼粕类、骨粉、贝壳粉、酵母粉等的比例，以满足成虫对多种营养物质的需要。青饲料也适当增加一些，以满足水分和维生素的需要，这样可以提高卵鞘的产量和成虫的药用功效。成虫期饲料蛋白质含量应保持在20％以上，饲养土厚度为15～18厘米。

成虫产卵期9～11个月，对已经产过卵的成虫应收集起来加工处理作药用。产过卵的成虫的特征为腹部干瘪，身体扁平，体表也失去光泽，体形收缩，有的还会出现断足现象。这些老龄成虫已经没有力量钻进饲养土中，在饲养土上面缓缓爬行，临近死亡。

另外，成虫产卵后期不但产卵鞘时间延长，产卵鞘的数量减少，而且所产的卵鞘质量降低。因此，只要收获的卵鞘已经满足需要了，就不要等产完卵再收集成虫，而在产卵旺期已过，还没有停止产卵以前就可以把成虫收集起来，加工药用。这样既可以提高商品虫的产量，又能提高已收集卵鞘的质量，因为收集的卵鞘都是产卵旺期产的，这样的卵鞘孵化率高，孵出的幼龄若虫成活率高。

成虫阶段工作内容之一是筛取卵鞘。筛取卵鞘先用2目筛筛除产卵雌虫，剩下的卵鞘和饲养土用6目筛筛除卵鞘。也可把筛卵鞘的筛子做成套筛，套筛上层为2目筛，可以取出、放入，下层6目筛可以是固定的。每次筛卵鞘时，可以一次把成虫和卵鞘分别筛出。过筛后先把2目筛取出，倒出成虫，再倒出卵鞘。筛取卵鞘时动作要轻，以免损伤卵鞘，碰伤成虫。

三、土元的四季管理技术

土元为变温动物，随着环境温度的变化新陈代谢也有明显的变化。所以，在自然温度下，四季的管理是不相同的。

1. 土元的春季管理

春季气温变化很大，以中原地区为例，2月上、中旬最低温度有时还在零度以下，到3月的下旬至4月上旬，春意浓，是土元由冬眠期向生长发育、繁殖转变的季节。当室内平均气温达到10℃以上时，土元结束冬眠，开始活动觅食。

我国面积大，跨越了热带、亚热带、暖温带和寒温带等4个气候带，春季南北气温回升的时间不同，土元结束冬眠的时间也不相同。如浙江地区在3月下旬至4月上旬就结束了冬眠，开始活动觅食；而京、津地区一般在4月中旬至4月下旬才能结束冬眠，开始活动觅食；广东、福建南部气候温暖，没有冬眠期，一年四季都可以生长发育和繁殖。有冬眠的地区在自然温度下饲养场（户），一般在3月中旬就要做开池的准备工作，把铺设在池面上的保温稻草取走，并打扫干净。特别是要把饲养土上面的发霉草屑、死虫等打扫干净。开池晚了土元已开始活动，会钻入稻草中，给清理增加麻烦。

土元开始活动后就开始吃食，温度不很高时出来活动的虫数量少，同时出来活动的虫体新陈代谢率低。随着温度逐渐升高，出来活动的虫愈来愈多，且虫体新陈代谢旺盛，所以喂给饲料量要随着温度的升高而增加。一开始室内平均气温超过10℃时，已经有少部分土元出来活动觅食了，但这时虫体新陈代谢率很低，宜少投喂饲料。随着气温升高，出土活动的虫体愈来愈多，且新陈代谢率也随温度的升高而提高，所以喂食量也随之增加，要以吃多少喂多少为原则，酌情增加。

土元经过长时间冬眠，出土后体质较弱，加之体内缺水，这时的饲料要配制得湿一些，或是投喂精饲料以后再撒一些青饲料和新鲜菜叶，任其自由采食。混合精饲料要炒香，以增加土元的食欲。4月下旬至5月土元活动、觅食开始恢复正常。越冬前并池饲养的这时要分池饲养，并注意检查池底饲养土是否有害虫存在。分池时要去掉一部分旧土，换上一部分新土。

小知识

换土的方法有 4 种

春季结合分池饲养时去掉一部分旧的饲养土，增添一部分新鲜饲养土；结合筛取卵鞘时，去掉表层 2 厘米左右厚的饲养土，然后加一层新的饲养土；从幼龄若虫饲养到成虫后结合采收加工，去除旧土全部换上新土；根据饲养池中发生病、虫害的情况，以及饲养土的湿度情况，可酌情更换饲养土。

一般情况下，饲养土 1 年更换一次即可。更换饲养土，清除土元的粪便、尸体、卵鞘壳、饲料残渣等，减少饲养土的霉变，保持饲养土的清洁卫生，可以减少土元发病率，有利于土元生长发育和繁殖。

2. 土元的夏季管理

夏季气温高，是土元生长、发育、产卵最旺盛的季节。要做好以下几方面的工作：

（1）饲料量增加 气温高，土元体内新陈代谢旺盛，食欲旺盛，这时要增加饲料量，以满足体内代谢的需要。夏季高温、干燥的情况下，如果气温超过35℃，土元身体失水量增加，死亡率提高，卵鞘损失率也增加，增加青绿、多汁饲料是给土元体内补充水分和增加饲养土湿度的有效措施。

夏季气温高时饲养土水分蒸发量大，可加喂一些青饲料和多汁饲料，一方面补充土元体内水分，另一方面增加饲养土的湿度。

（2）做好防暑降温工作 土元生命活动适宜的温度为15～35℃，在这个温度范围内，随着温度升高，土元的新陈代谢旺盛，生长发育加快，这时的温度和生长发育基本上呈线性关系。但是温度超过35℃时，土元身体不适，进而要影响生长发育。所以，饲养室内温度要控制在36℃以下，超过36℃时土元体内水分散失加快，引起死亡。

降温的方法是，在室内地面洒水，打开窗户通风换气，通过这样的方法可以把室内温度控制在36℃以下。

（3）防止虫害和敌害入侵 在夏季打开门窗降温的同时，要防止鸡、鸭、猫、鸟、壁虎、老鼠等敌害进入饲养室危害土元，同时也要防止蜘蛛、蝎子、蜈蚣等进入饲养室吃土元的幼小若虫。

防止敌害的方法是：门、窗都装上纱网，防止这些动物进入。如果原来已装过纱窗、纱门的，到夏季要进行检查，有破损的地方应及时修理。

（4）安全度过梅雨季节　夏季雨季到来时，容易出现阴雨连绵的情况，且阴湿闷热，特别是东南沿海的江、浙一带更是如此。这时室内湿度大，高温下霉菌容易生长、病原微生物容易滋生，这时的土元容易生病。

梅雨季节应做好以下几方面的工作，降低土元的发病率：

控制饲养土的湿度：空气湿度大时，饲养土的湿度要小一些。如果饲养土湿度也较大，这时应加一些干土或干的草木灰、炉灰等，降低湿度；梅雨季节要少喂一些青饲料，必须喂的一部分青饲料应多晾一段时间，让水分蒸发一部分再投喂。

防止饲料发霉变质：投喂精饲料时要少量多次，每天晚上投饲后，第二天早晨一定要及时检查，看投喂的饲料是否被吃完。如果每天早晨检查饲料都被吃光，说明投饲不足，当天晚上投饲时要多投一些；如果头天晚上投喂的饲料有剩余，要及时清除，防止饲料霉变、酸败引发土元发病。同时在土元的饲料中添加一些四环素、土霉素等畜用抗生素，一方面防止饲料变质，另一方面有助于土元防病。在饲料中还要添加酵母粉，可提高土元的消化率。

3. 土元的秋季管理

早秋季节气温还比较高，是生长的季节；到了晚秋天气已经转凉，随着气温的下降，土元的活动减弱、生长减慢、产卵的成虫产卵量减少。

管理工作主要是做好土元顺利越冬，保证冬季不使土元受到冻害，第二年春季结束冬眠后身体健康、成活率高。

（1）做好保温工作延长生长期　土元有室内、室外两种饲养方式，秋季气温由高转低的过程中，可以想办法延长生长期。室内饲养的要关紧门窗、糊严缝隙、封闭透风口，不使冷空气直接进入，保持室内空气下降缓慢，使土元能在室内多生长一段时间；室外饲养的，可在饲养池上盖上塑料薄膜，塑料薄膜上再覆一层草帘子，白天阳光充足时把草帘子揭起，让阳光射入池内，提高池内温度；晚上或阴天把草帘子放下，保持温度，不让池内温度散失过快，这样在秋季可以延长生长期 1 ~ 1.5 个月。

同时要增加池内饲养土的厚度，越冬期饲养土的厚度比夏季要厚 3 ~ 6 厘米，以利保温。

（2）入冬前要检查饲养土中是否有虫害　入冬以前要把每个池中的饲养土翻动一遍，检查饲养土中有无害虫。如果发现饲养土中有害虫，及时消灭，保证土元安全越冬。

（3）提高越冬土元的体质　越冬前 1 个月要适当增加精饲料的投放量，精饲料中要增加蛋白饲料量，让土元在体内贮存能量，增强体质，特别要贮备足体内的脂肪，保证越冬期新陈代谢的需要。第二年春天冬眠结束时，体质仍保持良好，成活率高。

（4）并池饲养并调节好饲养土的干湿度　秋季冬眠前，要把两个池的土元合并到一个池中饲养，这样既便于管理，又因饲养土厚度、土元饲养密度增加而利于保温。

冬眠前还要把饲养土调节得稍干一些。如果饲养土湿度偏大，可以加一些干土或草木灰把饲养土调干，这样可以增强土元的抗寒能力，有利于安全越冬。

4. 土元的冬季管理

中原地区立冬前后，平均气温下降到 10℃ 以下，不加温饲养的养殖户，在做好秋季饲养管理工作的基础上，要做好冬季防冻保温工作，具体事项如下：

（1）越冬前对土元群体进行检查　越冬前对每个饲养池内的土元群体进行一次全面检查，对老、弱、病、残的虫体要认真清除，以免越冬时死亡，或越冬后因体质弱而死亡，给养殖户造成损失。

（2）在饲养池内添加覆盖物保温　进入冬眠期后，可在池内饲养土的上面覆盖一层 2 ~ 3 厘米厚的糠灰或草木灰，能起到保温作用；同时在饲养池上或池内饲养土上再加一层 6 ~ 7 厘米厚的稻草或加一层草帘都可以起到保温作用。

（3）根据池内温度调节饲养土湿度　越冬期应经常检查饲养池内饲养土的温度，饲养土温度偏高（5～8℃）时，应使饲养土湿度大一些，可防止土元体内水分散失太多；温度偏低（0℃左右）时，可使饲养土偏干一些，有利保温。

（4）越冬期要保持好饲养土内的温度　土元冬眠以前体内脂肪、糖类积累比较多，体内的结合水含量提高，游离水含量降低，总的水含量降低，所以抗寒能力增强。试验证明，土元在 -10℃的条件下，经80天，到翌年春季温度回升到10℃以上时，大部分能解冻苏醒，并正常活动觅食。此试验证明，土元耐寒性还是比较强的。

但是，10℃以下土元就进入了冬眠状态，在8～10℃时，土元的呼吸和新陈代谢仍然较快，能量消耗较大，如果一冬都保持这样的温度，在越冬前体内贮备的有限能量消耗过多，易造成能量缺乏而死亡；即使活过冬季的，第二年春季出来活动后，由于体质太弱，当时气温又不很高，食量偏低，身体缺乏的物质不能及时得到补充而死亡。饲养土的温度长期低于0℃以下，对土元第二年春季恢复正常体质也有影响。生产实践证明，土元越冬时，饲养土内的温度保持0～4℃比较适宜。要及时测定饲养土的温度并加以调节，对土元越冬很有利。

（5）防止鼠害发生　冬季天冷外面食物缺乏，老鼠最容易钻到室内觅食，饲养室防范不严，老鼠一旦进入室内，对土元危害很大。

（6）严禁翻动饲养土　据生产中观察，翻动饲养土的饲养池比没翻动饲养土的饲养池死亡率高，所以要引起生产者的注意。

土元进入冬眠以前，结合并池翻动一次饲养土，除检查虫害外，冬眠时一般不要翻动饲养土，以免翻动饲养土时损伤虫体，特别是损伤土元的足，造成土元死亡。

专题六
土元的繁殖技术

<hr>

专题提示

　　土元繁殖有一定的技术性，饲养者掌握了土元的繁殖技术，创造优越的条件，繁殖力就能大大提高；如果没能掌握土元的繁殖技术，不能科学地做好一些工作，繁殖力就会降低，可能造成生产水平低下，影响饲养土元的经济效益。所以在这一部分，把土元繁殖有关技术环节做一详细介绍，供养殖户从事土元生产时借鉴。

一、土元的引种

　　饲养土元一开始多数是从已经开始饲养的个体户或饲养场引种，最好到有育种许可证的规范性育种（养殖）场或科研单位引种。引种的方式有引进成虫的，也有引进卵鞘的，这两者之中引进卵鞘的较多。现将有关事宜介绍如下：

　　1. 土元引种的选择

　　本书前面介绍药用土元时，已经对有药用价值的土元种做了介绍，即中华真地鳖、云南真地鳖、珠穆朗玛真地鳖、冀地鳖、金边地鳖等，引种时以引中华真地鳖、冀地鳖种、金边地鳖为好。

　　2. 引进成虫的选择

　　引种成虫应引进由老龄若虫刚进入成虫期的虫体，引回去后经过适应性饲养后就开始产卵。引种时要掌握成虫的健康标准，注意选择优良个体，经过选择种虫群体质量方能提高。

优良的种虫体色黑且有光泽、体大而长、身体丰满而健壮、四肢齐全、足上毛刺清晰、全身不粘泥、假死性好、逃跑时迅速。这样的成虫引种回去后，不但成活率高，抗病虫害能力强，而且繁殖力也强。

3. 引进卵鞘的选择

将卵鞘引回后，经孵化培育出幼小若虫，经过若虫期全过程的饲养，培育出成虫，把成虫经过选择优良个体留作种虫使用，不符合种用标准的处理后作商品出售，收效比较快。

好的卵鞘颜色为褐色或棕褐色，外观正常无畸形，颗大饱满，外表光亮而有轻微的刻纹，用手轻捏卵鞘手感弹性；对着阳光或在灯光下观察，鞘内卵粒清晰可见；用拇指和食指捏住卵鞘两端，轻轻地挤，立即会发出清脆的响声，从侧面锯齿状小齿处破裂的地方，可以看到白色的乳浆或两边白色的卵粒。卵鞘内并排有两排卵，每排6粒以上。这样的卵鞘为优质卵鞘，其孵化率高，孵出的若虫成活率也高。

劣质卵鞘外壳有明显的起伏卵影，从外观就可以看到卵鞘内的卵粒数。这样的卵鞘表面子瘪或发霉，其卵粒僵化或半僵化，若虫的孵出率很低。有的卵鞘已受损破坏，内部已发生霉变。有的卵鞘锯齿状小齿处被泥粘住或已经生白色或绿色霉菌，其卵粒已僵化死亡。还有一些卵鞘色泽较浅，呈黄绿色，这是因为成虫早产或迟产的卵鞘，或成虫营养不良，或成虫受惊吓时产下的薄壳瘪卵鞘，这些都属于劣质卵鞘。

购买卵鞘时，把卵鞘摊平，用对角线从4个角和中心5个点取样，每点随机抓15～20个卵鞘，然后按上述的方法检查，找出劣质卵鞘数，然后被总数除，算出劣质卵鞘的百分比。

4. 引种时间的选择

在人工控温、控湿条件下养殖土元，一年四季均可引种，最佳引种时间为春季的4～5月、秋季的9～10月，因为这两个时段气温不冷不热便于运输。引种时首先了解当地有无饲养的优良种源，如果有，尽量在当地引种。在当地引种有两个好处：一是当地种源适合当地气候条件，饲养容易成功；二是免于长途运输的风险。

运输有两种方式，一是运输成虫，二是运输卵鞘。运输成虫的方法是，先准备好纸箱、蛇皮袋、废报纸三样东西。把报纸握成团装入蛇皮袋里，再把成虫装入，这样一方面成虫可以钻入报纸的皱褶里不相互挤压，免得造成损伤；二是报纸支撑着袋子，使袋子内空间大，不会造成空气缺乏出现土元窒息现象。装好以后把袋子用烟头烧一些黄豆大小的小洞，可以透气，土元还不能跑出来。纸箱也用小刀或剪子在四壁上扎一些小洞便于透气，然后把装有种土元的蛇皮袋装入，包装好。卵鞘的装箱运输方法与成虫的方法相似，每袋不要太多，多了容易发热、出问题。

二、土元的选种及复壮

土元经过历代人工饲养虫体会愈来愈小，由原来每千克360～500只逐渐下降到每千克800只，甚至每千克1 200只。伴随着成虫的体形缩小，寿命缩短、产卵量减少、卵鞘明显短小，且卵鞘孵化率降低。幼若虫抗病能力降低，容易生病，致使若虫期死亡率增加。这种现象是种源退化的表现。

土元种源退化，是人工饲养条件下的一种普遍现象，这可能是由于连续种群内近亲交配繁殖和高密度饲养而造成的。所以，饲养土元应加强选种、选育和串换血缘关系，保持优良种源的稳定性，不断提高人工饲养的经济效益。

1. 土元的选种

选种是保持土元优良特性和优良品质的重要环节。优良种源雌成虫体形比较大，每千克活虫280只，一般的也在500～600只，而退化后虫体每千克成虫数达1200只，所以选种应从引种时开始，引种时应选择虫体大、体色黑且有光泽的个体，这样的个体健康、产卵性能好、卵鞘孵化率高，孵出的幼龄若虫健壮、成活率高。经过一代一代的选种，使成年雌虫体重达到2～3.5克/只，每只雌成虫产卵时间达9个月以上（不包括冬眠期），一生产卵鞘数在60个以上，且卵鞘内卵粒多、卵鞘大、有光泽。

选种时间应在雄虫长出翅后1个月内进行，这时有的雌成虫尾部拖着卵鞘；没有拖卵鞘的雌成虫生殖孔松弛，腹下部呈粉红色且有光泽；反应能力强，爬行速度快。这样的雌成虫健康，繁殖性能好。

种雌虫选择后放入种虫饲养池，配雌成虫总数25％的雄成虫。投放密度以0.4万～0.5万只/米²比较适宜。土元的雄虫比雌虫成熟早，雌虫应配比其孵出晚2个月的若虫发育成的雄虫。

留种的雌成虫所产的卵鞘，大部分是优质卵鞘，但为了把种源提纯复壮，还要对这些卵鞘进行筛选，把大而饱满、色泽鲜艳的卵鞘留下使用，差的卵鞘予以淘汰。

另外，人工饲养的土元经过多代繁殖后，个体之间有亲缘关系的比例大大提高，这是退化的一个主要原因。为了保证家养土元种群旺盛的生命力，可以诱捕一些野生土元，选留个体大的雄性个体投入家养种群雌成虫群体中，对家养种群进行改良，提高家养土元的生命力，增强对环境的适应能力。

2. 土元的复壮技术

对家养土元进行选种、串换血统、提纯复壮，是提高土元种源品质的一个方面，更重要的还是采用一些有效的措施防止其退化。防止土元种质退化，保持稳产、高产的措施有以下几个方面：

(1)经常串换种虫的血统　目前人工饲养土元都是在自己饲养的种群内选择雄、雌成虫搭配，进行交配繁殖，代数多了近亲交配的概率就大了，群体渐渐地出现退化现象。防止土元群体退化，除了逐代选种提高种群的优良性状以外，还要每隔 3～4 年，引进一部分野生雄土元或其他种群的雄土元与自家饲养的种群雌成虫搭配，交配繁殖，增强该种群的生命力，避免退化。

(2)控制饲养密度　饲养池中单位面积饲养量大，土元的活动范围变小，活动和取食都受到限制，使虫体发育不良，生活力减弱，一代一代传下去，可导致后代退化。所以放养密度要适当，使它们能正常地活动和觅食，这样就不会退化，其适宜饲养密度如表 11。按照这种密度饲养能满足其正常活动、觅食需要，不会在短期内退化。

(3)可以放回自然环境中锻炼　土元为野生昆虫驯化而来的，在野生条件下由于一年四季温度的变化，这一物种在与不利条件斗争中生存下来，因此野生群体具有较强的抗不良条件的能力。在人工饲养条件下，人为地创造了稳定的生活条件，特别是恒温、恒湿条件下饲养，逐渐降低了抗异能力，引起后代虫体生命力降低。为防止土元生命力退化，可将室内人工饲养的土元，放在室外饲养池中接受自然温度变化的锻炼，经过 1～2 年后再移到室内饲养，生命力就能增强；或是捕一部分野生土元，经过选择，选出优良个体与人工饲养群体混群饲养，逐渐通过杂交提高家养种群的抗异能力。

为了保证土元种源不退化，饲养土元的饲料要多样化，特别是饲料中的蛋白质含量要达到16％以上，并且投料量要保证其吃饱且不剩食。投料方法如饲养部分所介绍，饲料营养全面、量足，满足了土元营养需要就不容易退化。

（4）加强饲养管理　土元在野生条件下，在自然界自行觅食，寻食的食物是多种多样的。但在人工饲养条件下，有的售种者为了推广自己的种源，强调土元好养，饲料易得，玉米面、麦麸、米糠就可以。所以，有些不懂技术的饲养户投喂的饲料单一、投喂量不足，使土元各阶段的虫体营养得不到满足，所以出现退化现象。

（5）实行生态养殖　生态养殖是室内加温饲养与室外的自然温度饲养相结合的饲养方法。即种虫可以选择室内或塑料大棚加温饲养，这样可以常年繁殖，所产的卵鞘在室内控温的条件下常年孵化，孵化的幼龄若虫饲养密度大，占用室内饲养池少，待饲养到4龄虫以后，抗异能力增强时移到室外池饲养。

室外池可以多建一些，投放密度可以小一些，饲料相对粗一些，让其接受自然环境的变温锻炼。春天气温回升到一定温度，秋天气温开始下降时，池子上可以加盖塑料薄膜透光、保温、提高池内温度，延长室外饲养的生长期。春、秋两季生长期可以延长两个半月，冬季繁殖的幼龄若虫到翌年秋季可以收获。

收获时将经过自然变温锻炼的成虫经过认真选择，从大群中选出最好的个体留作种虫，移入室内加温精心饲养，再繁殖下一代。所以说生态饲养即为室内加温精养种虫和幼龄若虫，室外自然温度饲养中龄若虫和老龄若虫。这样既可以扩大饲养规模，又减少室内饲养房屋加温的压力，是一种科学的饲养方式。

三、土元的繁育技术

土元繁殖技术是生产中的重要环节，在人工饲养条件下人工操作得好，雌成虫产卵就多，孵化的幼龄若虫多，成活率高，生产效果才好。如果操作不当，雌成虫繁殖率低，卵鞘收集保管不好孵化率亦低，幼龄若虫抗病率低，死亡率高，生产效果不好。所以，养殖户要在掌握现有繁殖技术的基础上，不断探索新技术，不断提高繁殖力。

1. 产卵成虫的管理

（1）成虫的交配与产卵　土元的雄性若虫经过 7～9 次蜕皮、雌性若虫经过 9～11 次蜕皮，发育成为成虫。一般雄性若虫比雌性若虫早成熟 1～2 个月，而雄虫成熟后 1 个月左右就老化死亡，所以同一批若虫发育成的雄虫与雌虫配种概率比例低，所以留种必须采用循环复配的现代育种技术。

雄性若虫发育成熟后长出一对翅膀能飞，也能在饲养池中爬行。雌性成虫无翅，发情阶段能分泌雌性激素，引诱雄虫来交尾，所以雄虫与雌成虫在一个池内饲养时不会逃跑。雄成虫交尾后 1 个月左右死亡，雌成虫交尾后 1 周左右开始产卵，交尾一次终生能产受精卵，连续产卵期达 9～11 个月。卵在雌成虫体内呈浆液状，产出后遇空气卵壳即凝固变硬。许多卵粒黏在一起形成卵鞘。卵鞘呈棕褐色，呈荚果状，长约 0.5 厘米，一侧边缘呈锯齿状。雌成虫产卵很慢，1 个卵鞘要经数天才能产生，一昼夜约产下 5 个锯齿长，在脱落前一直连在生殖孔上，像拖着尾巴一样，叫拖炮。1 只雌成虫 1 个月产 6～8 个卵鞘，在自然条件下一年产 40 个以上卵鞘。每个卵鞘中卵的数量不等，含卵量 4～30个，平均 12 个左右。随着温度降低，雌成虫的产卵速度降低，到达冬眠期产卵停止，到翌年春季气温回升时继续产卵。在人工加温饲养条件下，冬季室内温度达 18℃以上雌成虫仍然产卵。

（2）产卵期的管理　产卵雌成虫的饲养管理水平比一般时期要高，要求饲养密度小、营养水平高、饲料要全价，目的是收获更多、质量更好的卵鞘。雌成虫有吃卵鞘的现象，有时候能吃掉大半数卵鞘，为避免这种现象发生，减少损失，从饲养上要给产卵雌成虫增加动物性饲料的比例，增加营养；从管理上一方面增加饲养土的厚度，同时要及时筛取饲养土表层的卵鞘。一般 5～7 天在饲养土表层加入一层新饲养土，10～15天筛取卵鞘1次。如果管理得好，卵鞘的损失率不会超过10%。

卵鞘的筛取方法是，首先用2目筛把雌成虫分出来，筛取的雌成虫要立即放养在备用的池内，健壮的个体会很快钻入饲养土中，剩下个别老、弱、伤、残个体捡出，处理后药用。筛下的饲养土和卵鞘再用6目筛把饲养土筛下，剩下卵鞘。饲养土可以留下继续使用，把其放入备用池中，使用时再加一部分新配制的饲养土，经过消毒即可使用。

收取表层卵鞘的方法是，先用4目筛把表面0.5厘米左右的饲养土刮下来筛一次，除去食物残片、死土元和残土元，再用6目筛把卵鞘筛出，饲养土倒入备用池中。筛卵鞘的动作要轻，尽量避免碰撞筛壁和与筛底强烈摩擦，否则会伤及土元肢体及雌成虫尾部拖着的卵鞘。

如果初养土元，现有的雌成虫数量不多，可以不必过筛，直接把雌成虫一只只捡出，养于另一池中，再筛出卵鞘孵化，这样可以避免雌成虫在过筛过程中伤残，减少伤损。

为了掌握雌成虫产卵的情况，应制表做详细登记，登记内容包括池号、面积、饲养土配制比例、厚度、雌成虫投放数量、每次筛卵鞘日期和数量等。

2. 卵鞘的处理与保存技术

卵鞘从雌成虫池中筛出以后，要进行必要的处理。处理好的卵鞘便于保存，且出虫率高。不经过处理的卵鞘在保存过程中容易发霉变质，影响以后的出虫率。处理程序如下：

（1）清洗　卵鞘的一侧为锯齿状，这实际是锯齿状排列的气孔，卵鞘内卵的"呼吸"通过气孔获取氧气。卵鞘从饲养土中筛出如不经过清洗，气孔有可能被泥土堵着，影响卵的新陈代谢，也影响以后卵的孵化率，所以筛出后的卵鞘必须及时清洗。

小知识

卵鞘清洗的方法

　　首先在容器内盛满清水，水温要与室温一致，然后把装有卵鞘的6目筛置于容器内轻轻漂动，洗去卵鞘表面的泥土，然后在纱网上晾至卵鞘表面无水时收起。不能在直射阳光下晒或烘烤，这样影响孵化率。每次清洗时卵鞘的数量不能太多，太多时往往卵鞘在水中散不开，漂洗不彻底，经保存后质量受到影响。每次漂洗筛中放0.5～0.7千克为宜。漂洗时动作要轻，要掌握漂动速度，每批漂洗时间在2～3分。

（2）消毒　漂洗晾去卵鞘表面水分以后，用0.02%的高锰酸钾溶液浸泡消毒，浸泡时间在1～2分，捞出来晾去表面水分后妥善保存。

经过处理的卵鞘，如实行冬季加温饲养的场（户），随时可以孵化，保存期越短的卵鞘孵化率越高。实行自然温度饲养的，9月以后由于气温逐渐下降就不再孵化，需要保存越冬；多余待售的卵鞘也需保存越冬。保存越冬的卵鞘应拌一些新鲜饲养土，置入容器中，埋入饲养土中。饲养土在容器外堆的深度应与容器口平而略低于容器口，然后覆盖棉絮或干草等保温。拌入卵鞘中的饲养土湿度要低于饲养土元的湿度，一般湿度在5%～10%。饲养土太湿卵鞘容易发霉。发霉的卵鞘，内部卵和内容物腥臭，并在卵鞘口上长出白色菌丝与饲养土结成块状粒。

3. 卵鞘的孵化技术

（1）自然温度孵化　适用于8月中旬以前产出的卵鞘。其方法是，将4月下旬至8月中旬产出的卵鞘按月收集，分别放入容器。8月下旬后产的卵鞘与翌日年4月下旬以前产的卵鞘安排同期孵化。孵化用的容器多种多样，可以用饲养池，也可以用钵、盆、缸和塑料箱等代替。孵化容器中放孵化土，孵化土要颗粒状的，大小似米粒状。取回的要经过消毒、过筛处理，保持无菌、透气性好，以免堵塞卵鞘的气孔。孵化土的湿度应为 20% 左右，孵化前期偏干一些，孵化后期可以偏湿一些。孵化土与卵鞘的混合比例为 1：1。把卵鞘与孵化土混合均匀，混合后孵化土不能过湿，也不能过干，过湿了会造成卵鞘霉烂，太干了会使卵鞘失水而干涸，幼虫孵出率极低。

孵化过程中发现孵化土过干也不能直接喷洒水，直接洒水卵鞘侧面的气孔容易被堵塞，影响卵子代谢，降低孵化率。正确的方法是当孵化土过干的时候，应把拌有卵鞘的孵化土筛出，加水调好湿度后重新拌入；或用新配制的孵化土调好湿度拌入。也可以把孵化土与卵鞘的混合比例调为 2：1，孵化土干时直接雾状喷洒。

孵化时间随气温的变化而不同，5 月份开始孵化的到 7 月底可全部孵出；8 月上、中旬的卵鞘，到 10 月下旬和 11 月上旬孵出。温度恒定，孵化期也比较稳定。一般来讲，25℃ 的条件下，孵化期为 50～60 天；30℃ 的条件下，孵化期为 35～50 天；最佳孵化温度为 30～32℃。

在孵化过程中，孵化土和卵鞘的混合料要每天翻动 1 次，使之上下、里外的温度和湿度比较均匀，这样胚胎发育速度均匀，出虫比较整齐。孵出幼虫后，先用 6 目筛筛出卵鞘，再用 17 目筛筛出刚孵化出的若虫。筛出的若虫先放入容器内暂养几天，待其蜕完第 1 次皮后，可以移入幼虫饲养池中饲养，饲养密度为 18 万～20 万只 / 米^2。

卵鞘孵化阶段还要注意清除粉螨。一般在成虫饲养池中，粉螨最容易把卵产在卵鞘上，在 30℃ 左右的孵化条件下，粉螨卵 20 天左右孵出，这时我们可以看到卵鞘表面有密集的小点，在光线较强的地方可以看到小点还会动，这就是粉螨的幼虫，可以用筛的办法逐渐清除。其方法是，先用17目筛筛取，把卵鞘留下，把饲养土与粉螨一起筛除弃之，重新换上新的饲养土。一般2～3天筛1次，可以清除粉螨。如果在孵化期内不注意筛除粉螨，孵化出的粉螨不仅危害刚孵出的幼龄若虫，还会被幼若虫带入饲养池，大量繁殖后带来很大危害。

临近孵化后期，若虫大部分破壳而出，这时每2天收取若虫1次。其方法为，先用6目筛把卵鞘筛出，筛的若虫和饲养土再用17目筛过筛，一些细土粒和粉螨幼虫被筛除，剩下的土元若虫和孵化土置于容器中饲养。筛出的卵鞘再以1：1的比例拌入孵化土继续孵化，过2～3天有大量的若虫孵出时，再用上述方法进行筛选，直到全部出完为止。收集幼虫应与筛除粉螨幼虫结合起来。

（2）人工控温孵化　是在晚秋、冬季和早春气温比较低的条件下，人工加温促进卵子内胚胎发育，完成孵化工作。加温孵化的其他方法和自然温度孵化一样，只有温度在人工控制下比较恒定，孵化率较高。

人工控温孵化有两种方式，一种是与加温饲养相结合，就是在控温饲养室内孵化；另一种是人造小型恒温装置。因孵化出的若虫必须控温饲养，所以普遍采用与加温饲养相结合进行人工控温孵化。

采取与加温饲养相结合的控温孵化方法，应把加温饲养室温度控制在25～30℃，并把孵化容器放在多层饲养架的上层，保证孵化容器的温度在30℃以上，这样孵化期35～50天。控温孵化要做的工作有两个方面，一是每天翻动孵化土和卵鞘1次，保持温度和湿度平衡，出虫一致；二是在孵化容器表面盖两层湿纱布，保持孵化土的湿度。

四、土元的加温繁育技术

土元加温繁殖是指生态养殖的室内饲养的几个环节，即产卵雌成虫的饲养管理、卵鞘的收集和处理、卵鞘的孵化、幼龄若虫的培育等环节，以打破土元冬眠习性。

1. 加温繁殖的意义

土元是变温动物，它的体温和生命活动随着温度的变化而变化，在适宜温度范围内，体温和生命活动随着环境温度的升高而升高，随着环境温度的降低而降低。当环境温度降至 10℃以下时，土元的生长发育趋于停止，为适应这种恶劣的环境，土元不吃不喝，体内新陈代谢极低，保全体力以利过冬，这种状态称冬眠。冬眠是对环境的适应，不是固有的本性。所以在人工加温的条件下，环境温度在适宜范围内土元正常吃食、活动，不会进入冬眠状态。生产实践已经证明，在冬季低温的条件下，保持室内温度在 25～32℃时，土元能正常生长发育和繁殖，这一创举可以大大地提高生产率。

自然温度下，在南方土元的冬眠期为 5 个月，在中原地区土元的冬眠期为半年，在北方一些省区土元的冬眠期更长。即使在非冬眠期里，土元也不是都能很好地生长发育。例如温度在 10～15℃时，土元虽然能活动和觅食，但由于温度偏低，生长发育极其缓慢，所以即使在南方自然温度下，土元每年的生长期也不到半年，在中原地区每年的生长期只有 4～5 个月，北方的生长期就更短。

加温饲养就大为不同了。首先在加温的条件下一年四季都能生长发育，一年四季都可繁殖。雌成虫每月可连续产卵 9～11 个，大大提高产卵量；所产卵鞘经过清洗处理后随时孵化，不受季节的限制，大大提高了生产能动性；幼龄若虫饲养密度大，在控温室内每平方米池子可饲养 18 万～20 万只，待其长至中龄若虫时移入室外池，可大大延长一年内土元的生长期，可以缩短生产周期，提高生产效率。所以说，加温繁殖是土元生产周期中的重要环节，对土元生产效率起着决定性的作用。

2. 加温繁育的要求

温室要求每间 18 米², 两边搭制立体多层饲养架，每个架长 6 米、宽 0.8 米，长度减去 4 个隔墙，实际长度 5.52 米，每层实用面积 4.42 米², 4 层立体架合计实用面积 17.6 米², 每边一个立体多层饲养架，总实用面积 35.36 米²。

加温设施可以采用燃料供温和电热供温相结合的方法，燃煤炉供给基础温度，电炉保持恒温，这样保持饲养室温度变化不会超1℃。

　　燃煤炉供温系统可以在两个立体多层饲养架的中间走道上建一个砖结构的炉子，炉子出烟口连一个火墙，火墙末端连炉筒，由炉延伸通向室外。从火炉里出来的烟所带的余热通墙内，把热量留在红砖上，热量缓缓放出，保持散热的持久性。

　　火墙用新红砖砌成，水泥沙浆勾缝，砖外不再用其他东西抹。炉子内径40厘米、深度50厘米。火墙壁厚为6厘米，中间做两个隔断，第一个上部留烟道，第二个下面留烟道，让烟在火墙内呈"S"形走出，延长在火墙内的逗留时间，余热可充分利用。火墙要认真勾缝，不让烟泄漏，否则室内会因煤烟浓而使土元中毒。开始饲养土元以前火墙要进行试烧，检查火墙有无漏气现象，如某处漏气应及时修补。火墙示意图见图57。

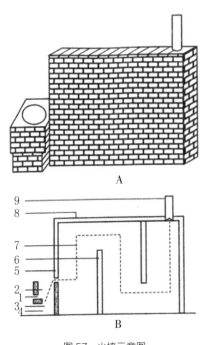

图 57　火墙示意图

A. 火墙外形图　B. 火墙内部示意图

1. 炉门　2. 炉膛　3. 炉箅子　4. 灰道　5. 火墙前壁

6. 中间隔断　7. 烟走向　8. 火墙顶壁　9. 烟囱

为使饲养室温度恒定，可以配一套自动控制设备和电炉，即装一个自动控温器，连2个2000瓦的电炉，把自动控温器调到32℃时，当火炉火墙散热量达不到32℃时，自动控制器接通电源，电炉通电，温度很快达到32℃，这时自动控制又切断电源，电炉断电，停止供热，这样室内保持31～32℃。

3. 加温繁育的湿度控制

加温饲养室温度控制在30～32℃时，空气中相对湿度就容易偏低，饲养土也容易干燥，这时要注意调节饲养室的湿度和饲养土的湿度。加湿的方法有以下几种：

（1）蒸汽加热　在火炉上放一个水壶，用水蒸气进行经常性的加湿。

（2）喷水加湿　即当水蒸气加湿达不到湿度要求时，要在室内喷水加湿。水可以喷在空间，可以喷洒在地面上，也可以喷在饲养土上。如果往饲养土上喷洒水，水的温度要接近室温。往地面和饲养土上洒水时，要把地面和饲养土表面打扫干净。在饲养土上洒水时要少喷，避免饲养土表面板结。如有板结，可在喷水后1小时，待饲养土充分吸水后，用手把板结的表层搓碎。

对正在孵化的卵鞘箱、盆更要注意湿度调节。为了不使饲养土中水分散失过快，可以在卵鞘与饲养土表面盖一层湿纱布，并经常取下浸水后再盖上。

离热源较远的地方和立体多层饲养架的底层池，温度会比离热源较近和上层池温度偏低一些，饲养土中沿池壁部分因由于水珠流下而比较潮湿，这些地方要经常检查，发现湿度大时可加干土或草木灰调节。

总的来讲，通过加温控温饲养，室内空气湿度要控制在 75%～80%；饲养土的含水量应根据各龄期虫体的要求而定，成虫较湿一些，可控制在 20%；幼龄虫可低一些，应控制在 15%。在这样的温、湿度条件下，再加上把饲养光线控制得比较暗一些，使土元随时都可取食，使之生长发育良好。生产实验证明，控制饲养室光线，加上科学的饲料配制，在上述温、湿度下，比自然光生长速度快，100 天内，黑暗比自然光下增产 21%。

4. 加温繁育应注意的几个问题

土元生命活动适宜的温度为 15～32℃，10℃以上时就能出土觅食，但是这时新陈代谢水平较低，10～15℃的温度下几乎不能生长；15～25℃的温度下生长得比较缓慢；25～32℃的温度下生长发育正常，以 30～32℃生长发育最快。如果生产商品土元温度保持在 30～32℃，这样温度下若虫代谢旺盛，生长很快，可以缩短饲养周期。根据以上介绍的情况，控温饲养应注意以下情况：

（1）注意饲养土的温度变化　土元是在饲养土中生活，所以土元饲养温度是指饲养土的温度。为了掌握饲养土温度的变化，应选择几个有代表性的位置经常测定饲养土的温度，并做好记录。一般来讲，多层饲养池上层饲养池里饲养土温度最高，所以最上层和靠近加热炉的饲养池要经常测温，边远饲养池和底层饲养池虽然温度偏低，但比较稳定，也要经常观察记录，掌握与上层池和近热源池的温度差距。在加温饲养室内，室温仅作参考，主要是掌握饲养土中的温度。如果发现上层池和靠近热源池内饲养土温度达到 32℃，就应该停止供热，使温度不再上升，否则这些池中的土元就有不适的感觉。

（2）根据不同虫龄对温度的要求选饲养池　加温饲养室内立体多层饲养架上的不同池位，温度也有差异。生产中测定发现，上层池内土温与下层池内土温相差 2～3℃，下层池内土温最低。而土元虫龄不同对土温的要求也不相同，根据表 12 所列不同龄期虫对温度的要求，幼龄若虫、中龄若虫应放在上层池中和近热源的池中；孵化的卵鞘应放在中层池中；成虫应放在下层池中，这样安排符合土元各发育阶段对温度的要求。

（3）饲养土温度不能忽高忽低　加温饲养时土元不要求绝对恒温，但应尽量保持饲养土的温度稳定。生产实践证明，昼夜温差不超过5℃时，不影响土元的生长发育；超过5℃时，就会影响生长发育；超过10℃时，将导致大批死亡。所以，在加温饲养情况下，应尽量保持饲养土温度稳定。有恒温控制系统的，能保持恒温最好，不能保持恒温的，温差尽量不超过5℃。

（4）加温方式及效果　各生产单位对加温饲养采取不同的方式，有的自温度降至20℃时开始加温，至翌年春季温度升高至25℃时停止加温；有的是在早春加温，即让土元冬眠，经过1年中最冷的时期后，到2～3月气温回升时开始加温，亦可缩短冬眠时间，延长生长发育时间；第三种加温方法是晚秋，当温度低于20℃时，加温饲养延长秋季的生长发育时间，冬季最冷时仍让其冬眠，早春温度回升时再恢复加温饲养，使土元提前苏醒，延长春季的生长时间。

生产实践证明，当温度降至20℃时开始加温饲养直到翌年春季温度升至25℃时停止加温，让其全年连续生长的效果最好；第二种方法也可以，适于燃料缺乏或经验不足的场（户）；第三种方法由于在较短时间里温度起伏较大，容易造成死亡。新的养殖场（户），不应采用这种加温方法。所以，提醒土元饲养场（户），加温饲养切忌时断时续，尤其中间不能停止加温，否则将会导致加温饲养失败。

5. 注意加温饲养室通风换气

加温饲养室的保温性能与通风换气是一组矛盾，保温性好就要加强封闭，通风性较差，室内空气新鲜度就差。如果加温饲养室长期缺氧，轻则土元生长发育迟缓，重者会引起窒息死亡。如果通风换气方法不正确，加温饲养室内温度波动较大，土元就会因不适应温度剧变而生病，造成死亡率提高。

为了不使加温饲养室温度大起大落，应该做好以下三方面的工作：

6. 加温条件下的饲养管理技术

（1）煤炉内煤的燃烧不能消耗加温饲养室的氧气　最好在加温饲养室前墙下部开上、下两个口，上口是加煤的炉门，下部是通风、贮灰的部位。把炉子建在室内，在外面烧火，火炉燃烧消耗的氧气由室外供给。

（2）通风换气口设置要正确　进气口应设在加温饲养室前墙的基部，方形和圆形均可。排气口应设在后墙的上部，形成对流的走势。进、排气口都要设盖，不通风排气时通风口关闭，减少散热。

（3）先升温后换气　有恒温装置的控温饲养室可以随时打开进、排气口，当换气引起室温下降2～3℃时，可以停止换气，关闭进排气口；当恒温系统把饲养室温度升到应控制的温度时，还可以再开进、排气口换气。如果没有恒温控制系统的，在通风换气以前先把火炉打开，火生旺，使室内温度超过所控制的温度1～2℃时开始通风换气。当室温低于所控制的温度1～2℃时停止通风换气，每天通风换气2～3次。

加温饲养情况下，土元始终处在新陈代谢旺盛的状态，生长发育迅速，饲养和管理要参照夏季的方案进行。但是，青绿饲料和多汁饲料可能不足，所以准备实行加温饲养的场（户），夏季时要种一些大白菜、胡萝卜等，冬季多喂些大白菜、胡萝卜等。另外，还可以自己生一些麦芽，用麦芽代替一部分青饲料。其方法是：把当年的小麦用70℃左右的热水浸烫5分左右，再加入冷水，使水温降至35℃左右，再浸泡2小时，然后捞出摊在大瓷盘内，上面盖上湿毛巾或湿纱布，放在饲养室多层饲养架顶上，发芽后揭掉湿毛巾或湿纱布。由于室内温度高、暗，很快就发黄芽。当黄芽长至3～4厘米时将其割下，用绞肉机绞为汁状拌入精饲料中，补充营养物质和维生素。不添加麦芽汁的饲养场（户），可在缺乏青饲料的季节加入禽用复合维生素和酵母等，以满足其对维生素的需要。

冬季加温饲养的场（户），还可以利用豆腐渣、粉渣作饲料。豆腐渣和粉渣不仅有营养，而且适口性好，价格低廉。利用豆腐渣和粉渣时，要熟制后搓碎，效果会更好。

加温饲养的情况下，雌成虫产卵率高，每月要产7～8个卵鞘，消耗了大量营养，因此必须保证饲料的营养水平和数量，特别是必需氨基酸、维生素和微量元素，其次是脂肪。

加温饲养的情况下，由于室内高温，寄生虫和病原微生物生长很快，必须保持室内清洁卫生和加强消毒工作，否则寄生虫和病原微生物滋生会影响土元的健康。

专题七
土元的病虫害防治

专题提示

　　土元的病虫害防治，包括病害防治、虫害防治和敌害防治三部分，是土元人工饲养必须做的重要工作。土元经常发生的病害有生理性的、真菌引起的；虫害有线虫引起的、螨虫引起的、蚂蚁引起的；敌害就更多了，如蜘蛛、壁虎、蟾蜍、家鼠、鸡、鸭、猫等。由于土元在人工饲养条件下密度较大，一旦发生有害生物的危害，将会给生产带来损失。因此，根据"防重于治"的原则，应以预防为主，以治疗为辅，消除危害，争取获得较高的经济效益。

一、土元的病害防治

1. 土元膨胀病

土元膨胀病又称大肚子病，是消化不良而引起的腹部膨大的疾病。

症　状

　　由于诸多原因，使土元消化道功能失常，甚至消化道实质受到损伤，而出现以下症状：消化道内充满食物或气体而引起膨胀，致使腹部肿大，爬行不便，食欲下降或停食。腹泻，粪便变为绿色或酱色，虫体表面的光泽消失，如治疗不及时，3天左右可导致死亡。

病　因

　　常常发生在每年的 4 ～ 5 月或 9 ～ 10 月。由于自然温度不太高，土元新陈代谢水平较低，加上天气变化，容易出现腹部膨胀。气温高的时候，贪吃的个体吃了一肚子食物，特别是暴食了青绿多汁的饲料，天气变化，气温突然降低，新陈代谢水平降低，消化率也大为降低，食物在消化道内发酵产生气体。

防　治

对这样的疾病首先是预防，再辅以药物治疗，可以降低发病率和死亡率。

（1）预防　在春、秋季气温变化比较大的季节，投喂饲料要注意质和量，即饲料要新鲜，要控制投饲量不能投饲过多，并少投或不投青绿多汁饲料。

当春、秋气温不高，因阴雨连绵湿度大的时期，要降低饲养土的湿度。

饲料要粗细搭配，营养要全面合理，不能有什么只投什么。

在精饲料中添加一些抗菌药物，有助于预防消化道疾病。土霉素按饲料的 0.02% 添加，或磺胺脒按 0.03% 添加，都可以起到防病作用。

（2）治疗　如果在土元饲养池中已经发现了膨胀病的个体，就要投药治疗，其办法为：

在 100 千克饲料中添加 100 克黄连粉或 100 克大蒜粉连喂 3～5 天，有治疗作用。

在每千克饲料中加入 2 克酵母或食母生片和 1 克复合维生素 B，每天喂 1 次，连喂 3～5 天，可以消胀、增强食欲。若因动物性饲料比例过高，消化不良引起的膨胀病，可在 250 克饲料中添加 5～7 片胃蛋白酶片（压碎混入），连投 3 次。每次投料要少，让其吃完。

按每 5 千克土元虫体投 4 克无味氯霉素糖粉、6 片食母生（研末），拌入 250 克精饲料中，每日 1 次，连投 3～4 天，有消炎、恢复消化机能的作用。

2. 土元湿热病

症　状

患病土元虫体蜡黄无光泽，蜕皮困难，多数患虫伏在饲养土表层，不进食，只能微微蠕动，逐渐萎缩成团而死亡。

病　因

湿热病又称萎缩病，多发生在 7～9 月的高温季节。是因为天气闷热，饲养土水分散发较快，饲养土干燥，土元体内水分散失较多造成的。

防　治

在高温季节，饲养土应在冬、春和初夏偏湿一些；在打开窗子通风降温的情况下，若发现饲养土干燥应及时喷水调湿。对中、老龄若虫池和成虫池，喷水后待水分下渗潮润后，把池内的结块搓碎，再喷 2～3 次水，反复搓碎，可以达到上、下均湿润；幼龄若虫的池要把饲养土筛出来，湿度调好后，再把若虫放。若为缸养的，可把饲养缸转移到阴凉的地方。

高温季节要把饲料拌得偏湿一些，并多投一些青绿多汁饲料，做到精、青饲料搭配。精饲料用 2% 的盐水拌的与饲养土的湿度相近，边拌边喂。

夏季高温天气既要打开窗户通风换气，又要不停地向地面喷水，降低温度，增加湿度。

饲养密度大时，要适时分池，减少虫体拥挤和虫体散发热量大，避免饲养土内升温。

对已患病的土元，要将它们筛出来，再用 2% 的食盐水喷洒虫体，对恢复身体的水分有较好的效果。

3. 土元胃壁溃烂病

症　状

这种病若虫期发病率很低，而成虫期发病较高。症状为，腹下腹板

125

中段呈黑斑点，胃壁粘连节间膜，严重时节间膜溃破，流出臭液。土元胃内积食，长期不能消化，从而不再进食而造成死亡。

病　因

多因喂食不当而引起。如长期喂精饲料，或精饲料中动物性饲料比例偏大，又缺乏或根本不喂青绿多汁饲料；或投饲过多，剩食没及时清出在池子中发霉变质，被土元取食而引起。

防　治

暂时停喂动物性饲料，改变单纯喂精饲料。要加喂青绿、多汁饲料，做到精、青合理搭配。饲料要新鲜卫生。

投饲量要根据其吃食情况而定，避免剩食，如有剩食要及时清理。

对发病的虫群，每千克饲料中要加入酵母 20 片，研碎后拌入饲料，同时还加入 0.04% 的土霉素粉和 0.05% 复合维生素 B 粉；或在饲料中添加食母生，每 5 千克虫体投 4 片（研末拌入），同时在饲料中拌 2% 食盐水，可以减轻症状。

4. 土元绿霉病

症　状

感染绿霉菌的个体腹部暗绿色，有深绿色斑点，6 足收缩，触角下垂，全身瘫软，行动迟缓，晚上也不出来觅食。病情严重的个体在饲养土上面不能入土，不觅食，身体逐渐干瘦。治疗不及时，2～3 天陆续死亡。

病　因

绿霉病又称体腐病，是真菌感染而引起的，是严重危害土元的主要疾病之一。多发生在高温、高湿季节，由于投喂的饲料短时间吃不了而发霉，剩料渗入饲养土发酵霉烂，真菌大量繁殖，土元吃了这样的饲料或生活在那样的饲养土中感染而得病。

防　治

在夏季高温、高湿季节到来时，要随时检查池中饲养土的湿度，要把饲养土调整得偏干一些，达到握之成团、松手周围即散的程度。饲养密度大时要分池。

高温、高湿季节，饲料要拌得偏干一些，要减少青绿、多汁饲料的用量，投放后剩余的青绿饲料要及时清出，防止腐烂变质；饲料盘要每天清洗1次，每2～3天用0.01%高锰酸钾溶液浸泡消毒1次；饲料盘周围被土元带出的饲料要一起清除，以免污染饲养土。

对发病的虫体要及时捡出，并用0.5%的福尔马林溶液喷洒灭菌后另池饲养；对发过病的饲养池，饲养土清除不用，饲养池用2%的福尔马林喷洒消毒灭菌。

在饲料中拌入0.05%的氯霉素或金霉素，或拌入0.04%的土霉素，连喂3～5次，每天1次；也可用1克四环素糖粉溶解后拌入0.5千克饲料，撒在饲料盘中饲喂，直到痊愈。

5. 土元卵鞘霉腐病

症　状

发霉的卵鞘口上长出白色菌丝，与孵化土凝成块粒，卵鞘内霉烂、发臭。

病　因

卵鞘霉腐病是由真菌引起，即在卵鞘存放或孵化期间，由于贮存容器或孵化容器消毒不彻底，或孵化室内高温、高湿，导致大量霉菌繁殖，卵鞘发霉。

（1）做好卵鞘的消毒工作　在成虫产卵期间，卵鞘要在5～7天筛收1次，筛收的卵鞘去除杂质后，清洗、晾干（晾去表面水分），然后用3%的漂白粉1份，加入9份的石灰粉中混合均匀，用纱布包好，弹撒在卵鞘上，再用筛子筛掉药粉，可以存放或孵化。

（2）做好孵化土的消毒和调湿工作　取清洁的细沙，经曝晒或蒸汽消毒后做孵化土；要保持孵化土适宜的湿度，特别是夏季高温、高湿季节，孵化土不能过湿。

二、土元的虫害防治

1. 粉螨

粉螨一般生活在饲养土的表层，晚上土元出来活动觅食时，爬到土元身上乱钻乱咬，使土元受到危害，食欲减退，身体渐弱，有的不能蜕皮生长，有的土元胸、腹被咬伤后，感染细菌生病而死亡，给土元养殖业带来很大影响。

粉螨也称"糠虱"，夏秋季节米糠、麦麸中很容易滋生粉螨，使饲料变质。如果使用饲料时不认真检查，使用了带有粉螨的米糠、麦麸作饲料，就把粉螨带到饲养土上，在高温高湿条件下，又有丰富的营养，粉螨很快繁殖、蔓延到饲养池的每个角落，危害土元。

粉螨类在动物分类学上属节肢动物门、蛛形纲、蜱螨目、粉螨科中的几种螨虫，体长不到1毫米，全身柔软呈拱形，灰白色，半透明并有光泽。全身表面生有若干刚毛，刚毛的排列、形状、长度是分类的依据；有足4

对，幼虫有 3 对，长到若虫时变成 4 对，若螨与成螨形态相似。

在高温、高湿条件下，粉螨繁殖很快，14 ～ 16 天发生一代，每只雌螨产卵 200 多粒，如不能及时防治，危害极大。

防　治

饲养土元要经常观察饲养土表层有无粉螨活动，如发现粉螨活动，应及时捕杀，以免造成危害。且不能粗心大意，造成粉螨泛滥。一旦发现粉螨，可采取以下措施清除：

麦麸、米糠在使用前要仔细检查，发现有少量粉螨活动的，不能直接用作饲料，要经过开水浸烫、杀灭后方可使用；没有发现粉螨的麦麸、米糠等饲料原料，也要经晒、炒或蒸等方法处理，杀死少量隐蔽的粉螨和卵。

诱杀粉螨有几种办法：在饲养土表面平铺一层纱布，上面放一些半干半湿并混有鸡粪、鸭粪的饲养土，再加入一些炒香的豆饼、菜籽饼等，厚 1 ～ 2 厘米，粉螨嗅到香味就过来吃，1 天左右取出诱饵堆积发酵杀死。也可用废肉、骨头、鱼等炒香，白天放在饲料盘上诱螨，每隔 2 ～ 3 小时清除 1 次，可连续操作。可用炒香的麦麸、米糠用水拌湿握成团，松手时不散，分放在饲养土表面，每平方米池面 20 ～ 30 个，1 天清 1 次，烫死粉螨还可以继续使用。

清洗卵鞘。粉螨有相当一部分把卵产在卵鞘上，对卵鞘清洗、消毒，也是消灭粉螨的重要环节。卵鞘产出后，用大盆装上温水，水温与气温接近，然后把装有卵鞘的 6 目筛置于温水中轻轻漂动，洗去卵鞘上的泥和虫卵，晾去表面水分，用 1 ∶ 5 000 的高锰酸钾溶液浸泡 1 分，取出，晾去表面水分，储存或孵化。

清除表层饲养土。经常清除饲养土表面上的污物、食物残渣、老弱残虫和死虫。如发现表层中粉螨较多，可将饲养池中 3 厘米左右的饲养土刮去换上新的饲养土，每天 1 次，连换几次，效果也很好。

更换饲养土。对饲养土被粉螨污染严重的池，要更换饲养土。即将土元筛出，旧饲养土不再使用，以40％三氯杀螨醇200～300倍的稀释液喷洒消毒饲养池；新的饲养土用30％三氯杀螨砜和20％螨卵酯农药，以1∶400稀释，然后以每立方米饲养土40～50毫升拌入，可杀死幼螨和卵。

可用三氯杀螨醇喷洒饲养土表面。白天土元出土少或不出土时，用40％三氯杀螨醇稀释1 000～1 500倍，喷洒池面，不可过湿，7～10天喷1次，连喷2～3次效果很好。

2. 线虫病

线虫卵在卵鞘内寄生，使卵鞘内容物变得如豆腐渣一样，并发臭，长出霉菌；线虫也可寄生在土元肠道，一般情况下，一只成虫肠道内寄生30多条线虫就有致死的危险。

土元线虫病，是危害土元较为普遍的危害。病原体为线虫，主要寄生在卵鞘内和土元肠道内，使卵鞘发霉、腐烂，使虫体消瘦、体质弱、腹泻等。成虫产卵量减少，甚至死亡。

寄生在卵鞘内的线虫，成虫细长半透明，长度不足1毫米，卵在100倍放大镜下似绿豆大，无色透明，内含卵黄或幼虫；寄生在土元肠道内的线虫，成虫如白丝状，1～2毫米，乳白色半透明，肉眼可见，卵在100倍放大镜下如绿豆大，淡黄色半透明，内有1～2个卵黄，卵可随土元粪便排入饲养土中，土元吞吃了带卵的饲养土，引起线虫病。

饲养土使用前进行灭虫处理。每平方米池面的饲养土用80％的敌敌畏乳油100毫升，稀释100倍后，均匀地喷洒在饲养土上，边喷洒边翻动饲养土，使其尽量混合均匀。然后用塑料薄膜覆盖，四周压严，防止漏气，处理 1 周后揭开散气 1～2 周方可使用。

已发现有线虫的饲养土要换掉。在饲养池中发现因线虫病致死的土元要及时捡出烧掉，对发病率较高的饲养土要更换新土，换土时对饲养池要进行消毒处理。

对青绿、多汁饲料先洗干净再投喂。

3. 蚁害

蚂蚁个体小，善于爬高与钻洞，可以比较容易地钻进饲养室、饲养池，对土元造成危害，成为土元养殖业的一大虫害。

危　害

土元能散发一种特殊的气味，特别是死虫，气味更浓；另外，饲料中动物性饲料又具有香味，蚂蚁一嗅到气味就容易侵入池内，危害土元。蚂蚁危害土元的方式是，拖走幼龄若虫，或把各龄蜕皮期间不能活动的若虫咬死、吞食，或到处乱爬干扰土元的活动、觅食、交尾和产卵，甚至拖走新产出的卵块，对土元饲养危害极大。

防　治

在建造饲养室、饲养池时，就应把防治蚁害考虑到。应把饲养室内外进行硬化，堵严屋墙、池壁基部孔隙和洞口，使蚂蚁不能爬入。

在饲养室四周撒一些麦麸或米糠拌和的触杀剂或诱杀剂，蚂蚁接触后杀死或吞食后杀死；用氯丹粉 50 克加黏土 250 克，用水调成浆状，用刷子蘸泥浆在饲养室四周划一条带状，可以防止蚂蚁进入；用氯丹粉 250克，水 1 000 克拌和后，喷在饲养室外墙根一周，防止蚂蚁进入。

饲养室外四周修一水深 15～20 厘米、宽 15～20 厘米的水沟，除冬季外水沟均注满水，防止蚂蚁进入；在饲养室外用生石灰撒一带状环，蚂蚁也不敢进入室内。

如饲养室内发现蚂蚁，可用骨头、油条、涂上糖汁的厚纸进行多次诱集，然后拿出去处理；若发现有大量蚂蚁进入饲养池时，可筛出土元，换饲养土。换土时池子可用灭蚁灵药粉拌麦麸杀死残留在池内的蚂蚁。

4. 鼠妇

鼠妇又名潮虫、草鞋虫，它对生活环境的要求与土元相似。鼠妇繁殖很快，成虫一次能产十几粒卵甚至几十粒卵。夏季卵1周左右即孵化出幼虫，发展迅速。

危　害

鼠妇的危害在于与土元争生存环境、争饲料。在鼠妇大量繁殖的情况下，鼠妇大量存在的地方，土元就少或没有，严重影响土元的生存。同时，鼠妇还会侵害刚孵出的若虫和处于半休眠状态的蜕皮若虫。

防　治

（1）药物防治　取敌百虫粉1份，加水200份，待敌百虫粉溶解后，加入适量面粉，调成糊状，用毛刷蘸取，在养殖池内壁四周的上方涂一横条状，鼠妇食后不久中毒死亡，连用几次；或用上述药糊按上述方法在饲养池壁外四周涂以横条，防止鼠妇入内。

（2）换饲养土　如饲养土中有大量鼠妇存在，可将土元筛出，被鼠妇占据的饲养土与鼠妇一同清除。

三、土元的敌害防治

蜘蛛、家鼠、壁虎、蟾蜍、鸡、鸭、猫、狗等，都是土元的敌害。由于土元营养丰富，逃避能力差，这些动物一旦进入饲养室发现土元，就会把它吃掉。

防治的措施有以下几方面：室内、室外（四周）地面要硬化，墙根、墙角不留缝隙，不让蜘蛛、壁虎、老鼠进入。门、窗要装纱门、纱窗，通风换气时有纱门、纱窗遮挡这些敌害，使其不能进入。纱门、纱窗与框结合要严，小动物不能从缝隙中钻入。要每天检查饲养土表面有无翻动和观察土元饲料消耗情况。如果饲养土表层早晨检查时经常发现翻动，土元饲料消耗量减少，说明土元被敌害吃掉，要设法发现敌害进行捕杀。出入饲养室时要随时关好门或纱门，防止鸡、猫、狗等进入。

专题八
土元的采收与加工

专题提示

土元体内至少含有 17 种氨基酸，总重量约占虫体干物质的 40%，以谷氨酸含量最高，其次为丙氨酸、酪氨酸等。所含的氨基酸中，人体必需的 8 种氨基酸齐全，且含量较丰富。必需氨基酸约为氨基酸总量的 30% 以上。土元的采收与初加工工作是非常重要的，如果初加工做得不到位，商品土元质量差、售价低。

一、土元的采收

收集土元分野生土元收集和家养土元筛取，前者看起来非常容易，做起来并非人人都能做得好。必须掌握土元的生活环境、生活规律、觅食习性等，然后设法诱捕。

1. 野生土元诱捕

收集野生土元首先要掌握它的生活习性。在野生条件下，它们喜欢生活在阴暗、潮湿、腐殖质丰富、土质肥沃疏松的土质中。在室外，常栖息在枯枝落叶下、石块下较疏松的土壤中；在室内，主要栖息在灶火房墙角的疏松土中，鸡舍、牛棚、猪圈、柴草堆下、碾米厂、榨油坊及磨坊等地方堆积的虚土中。

在野生条件下，在我国的南方省区，气温回升早的地方，土元每年 4 月上、中旬就出来活动觅食；北方省区，气温回升较迟的地方，5 月下旬以后土元才能出土活动，9～10 月陆续钻入土中冬眠。在整个活动期里，都可以进行诱捕，不过 6～9 月是土元最活跃的时期，每天晚上都有大量的土元出土活动觅食，人工捕捉应在这一时段内进行。

捕捉土元的工具很多，凡是广口容器都可以用来做诱捕工具，如盆、钵、筒、箱等都行，应根据自己的条件选用。

捕捉土元有以下几种方法：

（1）寻找土元生活场所　采收土元时，首先要觅找适合土元生活的场所，再仔细观察有没有土元活动迹象，如土表面有无翻动；地面有无夜间爬行的足迹和腹部在地面拖抹过的线迹；有无排泄的粪便以及觅食留下的残渣等。根据这些迹象，判定有无土元和土元数量多少。

（2）直接捕捉　即根据观察发现土元生存的地方，在夜间 7～11 时带上手电筒、装活土元的容器、竹片制作的夹子、翻土用的铁锹等到土元栖息、活动的地方，搬开石块或翻开疏松的土壤，便可在石块下、物体缝中、洞穴内或扒开的松土上发现土元，这时应及时用竹片夹将活土元捕捉在容器内。容器的内壁要光滑，防止土元逃跑。土元无毒，也不会伤人。如果翻开隐蔽物发现有大量的土元时，为迅速捕捉以免逃走，也可以用手迅速捡土元，用这样的方法既不会伤害土元，也可以捡到不同虫龄的虫体。

（3）诱捕　诱捕土元可用食物诱捕和性诱捕。诱捕工具不管是罐、盆、钵等，内壁都必须光滑，掉进容器内的土元爬不出去。容器口固定尼龙网，网要绷紧，中间剪一个直径 5 厘米的圆孔，容器埋在经观察有土元出没的地方，容器口略高于地面，防止泥沙进入容器内。容器上要覆盖一些长草，防止草掉入容器内。

（4）食饵诱捕　把米糠、麦麸、豆饼屑、黄豆粉等炒出香味；或准备一些果皮、骨肉屑等，香味不浓的可加一些香油。将以上诱饵放入诱捕容器，容器在晚上天黑以前埋在土元经常出没的地方，夜间土元出来活动觅食时，嗅到香味爬到容器盖网上觅食时掉入容器内，因容器内壁光滑而无法逃跑。第二天清晨检查，将诱到的土元取出，诱捕容器可继续使用。

（5）性诱捕　采集到一些雌性成虫放入诱捕容器内，雌性成虫能放出雌性激素，雄性成虫感受到后，即被招来，掉入诱捕容器。由于雄成虫的存在又可以招来一些雌成虫。但这种诱捕方法的不足之处是只能捕到成虫，各龄若虫不容易捕到，不如食饵诱捕法好。

2. 家养土元的采收

家养土元的收集对象是 7～8 龄的雄若虫、老龄雌性若虫、留种后多余的雌性成虫、产卵后期的雌性成虫。在自然状态下，土元的雄虫占土元总数的 30%～35%，雄虫在没有羽化以前，加工处理做中药材，药效与雌性土元一样，但羽化后再加工处理作药用，其效力大减。所以雄性若虫在7～8龄时，翅膀还没有长出以前就应该进行挑拣，将个体大、爬行快速敏捷的选出来做种，而不做种用的、多余的雄虫应选出加工处理，做商品出售。

雌性若虫9～11龄才成熟，同一批土元7～8龄选完雄虫后，让雌虫继续生长发育，待达到9～11龄以后，再次进行选种，选种的标准如选种部分所述。选种后剩下的一般雌性个体，经过初加工作药材出售。

雌性成虫产卵期9～11个月。一般前期产的卵鞘品质好，孵化率高，孵出的若虫比较健壮，成活率高；但到了后期，产卵鞘时间拖长，卵鞘质量降低，孵出的若虫体质差、成活率低。因此，雌性成虫产卵时间达到6～7个月时，就要淘汰，把它们收集起来加工药用。这样有两方面的好处：一是，在6～7个月以前，成虫还处在青、中年阶段，产的卵鞘品质好，卵孵化率高，孵出的若虫成活率高；二是，雌成虫还没进入老化期，加工成品率不降低，药效不降低，仍保持中年的特性。

家养土元采收可根据以下几个步骤进行：

（1）结合去雄采收　这种采收方法是，除雄虫一部分留作种虫以外，其余全部作商品虫处理。即在同一批若虫中，看到有少量发育较快的雄虫羽化时，表明大批雄虫将要羽化，此时应立即加喂精饲料，使其迅速生长、增加体重，待其未蜕最后1次皮以前，抓紧时间采收。采收时只选留一部分雄虫将来与其他批的雌成虫搭配繁殖外，其余的雄虫一律采收，雌虫转池饲养，待到9～11龄时全部筛出加工处理，做商品出售。

（2）对留种群的采收　对准备留种若虫群体，加强饲养，待到发育快的雄虫有羽化的个体时，可用2目筛把老龄若虫筛出，按种用标准选出留种用雄虫和留种用的雌虫，另行放入备用池中饲养，其余的雄虫全部捡出加工处理；对不留种用的一般雌虫转入其他池中，多喂些精料催肥处理，待到蜕最后1次皮以前筛出加工处理。

（3）根据季节采收　产卵后期的成虫应在越冬前采收，可以减少冬季饲养的负担；越冬后腹部干瘪瘦弱的个体，病伤的不及时采收也要死亡，所以开春后要结合对越冬情况的检查剔除性采收瘦、弱、病、残个体加工处理，减少经济损失。大批商品在越冬前的9月份采收，这时体内已贮备了大量营养物质，出品率高。采收土元时，雄虫一定要安排在7～8龄时，雌虫一定要安排在9～11

龄时，因为这时的出品率高。一般来讲，9～11龄的雌虫折干率40%左右，老龄雄若虫折干率30%～33%，产卵后的雌成虫折干率35%～37%。

二、土元的加工

1.土元的加工方法：土元的加工有晒干法和烘干法两种。

（1）晒干法（图58）　即将采收到的活土元放在较大的容器内，如大铝盆、大塑料盆、大锅或小缸等，然后倒入开水泡杀，要求开水能完全淹没土元，待活土元完全杀死后，把死土元捞出，移入其他盆中，用清水漂洗干净，然后在草席上摊薄薄一层，在阳光下曝晒3～4天。

图58　晒干

晒干法比较简便，但由于土元味咸，在天气不好时易受潮变质，采用这种办法时应注意天气变化，要在晴朗的天气里采收、加工和晾晒，阴天不敢采收。

（2）烘干法（图59）　如果饲养规模比较大，可以考虑采收后加工不受天气限制的问题。可以买一个恒温烤箱，每次采收后经过泡杀，把泡杀后的虫体摊在恒温干燥箱中，把干燥的温度控制在50～60℃，定时翻动和检查，以免烘焦。

也可以在大房间里间隔起一个小的烘干室，小烘干室的面积5～6米²，底部砌成地炕，火炉在小烘干室外。做一个多层的小推车式的活动架。加工土元时，先将烘干室的火炉生着，把烘干室温度升起来，把泡杀后的土元分层摊在多层小推车式活动架上，推进烘干室，关上烘干室门。温度一般控制在35～40℃，这种方法采收土元不受天气的限制，随时可采收加工。

图59 烘干

已采收加工好的干土元，可直接售给药材市场，也可装在干净的塑料袋中或有盖的缸、钵中封闭保存，集中一定量时一起出售。若贮存时间较长，就要在容器底部放些石灰吸潮，保持土元干燥，防止发霉。

2. 优质药用土元加工

土元作为一种商品，有质量要求，质量好的售价就高，否则售价低，所以要采取一切办法，提高土元产品质量。加工的办法是，首先要在泡杀前对土元进行去杂，即把弱小的、体扁的不良个体去除，然后停止喂食1昼夜，以便消化完体内的食物和排完体内的粪便，使之达到空腹，否则加工后容易霉变生虫，也影响药效。洗净虫体表面的污泥，然后用开水泡杀，再晒干或烘干。

优质土元应个头大，体长在2.5厘米以上，饱满，干燥有光泽，体内无残食，完整而不碎，而且无霉烂、无虫蛀、无雄虫、无杂质。

3. 劣质土元的鉴别方法

正确的土元泡杀方法，是将土元用开水烫死晾干或烘干。而掺杂土元是将采收的土元倒入水泥浆中浸泡，让其慢慢淹死，淹死的过程中喝进去很多泥浆，晒干后留入腹内大量水泥，增加土元的重量。这种掺杂土元也比较好鉴别，与优质土元相比区别有以下几个方面：

用开水烫死晒干的土元其质地松脆，体轻，色泽为背部褐色，腹部红棕色；用水泥浆浸泡死的土元，体重、质硬，其色泽为灰褐色，全体表面及腹内可见水泥结块。在重量上也有明显的差异，开水烫死晒干的土元每只在1克左右；用水泥浆浸泡死晒干的土元，每只重量2～2.5克，重量差别悬殊。

有些人是将食盐或白矾、石灰粉等拌以食物，让土元饥饿一段时间食欲旺盛时喂给，然后烫死晒干。这样的土元用手提时感到重，捏时坚硬，不易掰开，难以捏碎。体内有白色石灰状或灰色水泥状的颗粒，在光线下呈亮点状。掺这种东西的土元重量比正常加工的增重60%～100%，发现重量差距大时要及时检查。